기초탄탄

하이클래스

공무원생물

테마 100

기초탄탄
하이클래스
공무원생물 테마100

10판 2쇄   2024년 12월 10일

편저자_ 박노광
발행인_ 원석주
발행처_ 하이앤북
주소_ 서울시 영등포구 영등포로 347 베스트타워 11F
고객센터_ 1588-6671
팩스_ 02-841-6897
출판등록_ 2018년 4월 30일 제2018-000066호
홈페이지_ gosi.daebanggosi.com
ISBN 979-11-6533-409-3

정가_ 15,000원

필자가 『하이클래스 생물』을 강의하면서 수험생들이 당연히 알고 있을 것이라고 생각하고 무의식적으로 그냥 지나쳐버린 부분이 있었는데 쉬는 시간에 한 수험생이 조심스럽게 질문을 하러왔습니다. 이런 정도의 내용도 모르고 있는 것이 창피하다 싶어서 한참 망설이다가 그래도 알고 넘어가야겠다는 생각에 창피함을 무릅쓰고 질문하러 왔다고 했습니다.

본인이 인문계 출신인데 교차지원해서 대학에 들어갔기 때문에 생물은 전혀 공부한 적이 없어서 아주 단순한 용어도 본인에게는 생소하게 느껴지고, 심지어는 원소기호조차도 가물가물한데 그 어떤 교재에도 Mg(마그네슘), Cl(염소) 등과 같이 원소기호를 한글로 표기해준 부분이 없어서 생물을 공부하는 데 어려운 점이 많다고 하소연을 하는 것이었습니다.

이것이 필자가 『기초탄탄 하이클래스 생물 테마 100』을 집필하게 된 계기가 되었습니다. 『기초탄탄 하이클래스 생물 테마 100』은 원소기호들은 물론이고 아주 쉽게 생각되는 사소한 용어 하나하나라도 알기 쉽게 풀어서 서술하였고, 'OX 퀴즈'와 '확인 콕콕콕'을 두어 그냥 소홀히 지나치기 쉬운 부분을 재확인할 수 있도록 하였습니다. 또한 오래 전에 생물을 공부했던 수험생들이 새로 개정된 용어에 당황하지 않도록 구(舊)용어와 함께 개정된 용어를 따로 표기하여 생물을 전혀 공부한 적이 없는 수험생이나 아주 오랜만에 생물을 공부하게 된 수험생들도 생물과 친숙해질 수 있는 교두보 역할을 충실히 할 수 있는 교재가 되리라 생각합니다.

또한 『기초탄탄 하이클래스생물 테마 100』 내용의 순서와 『하이클래스 생물(기본편, 심화편)』 내용의 순서를 동일하게 구성해 단기간에 생물을 공략하려는 수험생들은 『기초탄탄 하이클래스 생물 테마 100』과 『하이클래스 생물』을 병행해서 공부할 수 있도록 했습니다.

아무쪼록 『기초탄탄 하이클래스 생물 테마 100』을 접한 것이 합격의 열쇠를 거머쥘 수 있는 계기가 될 것을 진심으로 바랍니다.

2024년

박노남

보건진료직

1. 보건진료직이란?

간호사, 조산사 면허증을 소지한 사람만 응시가능하며, 임용 후에는 각 시·군 보건진료소(보건의료 취약지역)에서 의료행위 및 관련업무를 주로 진행합니다.

2. 응시자격

- 나이제한 없음(만 18세부터 응시가능)
- 간호사 또는 조산사
- 시험응시 가능한 지역
  ① 서울
  ② 주민등록지 합산 요건 3년
  ③ 주민등록상 주소지(1월 1일 기준)

3. 시험과목

- 공채 : 국어, 한국사, 영어, 지역사회간호, 공중보건
- 특채 : 생물, 지역사회간호, 공중보건

4. 시험방법

- 필기시험 : 100% 객관식(과목당 20문항 / 20분 / 4지선다)
- 면접시험 : 필기시험 합격자에 한하여 면접시험을 거쳐 최종 합격자를 결정함(상대평가)

5. 합격 후 근무처

전국 각 시·군 보건진료소(보건의료 취약지역)

1. 의료기술직 공무원이란?

의료기술직 공무원은 물리치료, 의무기록, 방사선, 작업치료, 임상병리, 치위생사들의 직무를 수행하는 특수직급 공무원입니다. 의료기술직은 자격증 소지를 필요로 하는 특수직급으로 물리치료사, 임상병리사, 치위생사 등이 있으며 해당 면허증 소지자만 시험에 응시가 가능합니다.

2. 응시자격

- 의료기사 면허증 소지자, 만 18세부터 일반 누구나 응시가능
- 해당 면허증
  ① 방사선사   ② 치위생사   ③ 임상병리사
  ④ 물리치료사   ⑤ 의무기록사   ⑥ 작업치료사
  ⑦ 임상심리사
- 시험응시 가능한 지역
  ① 서울
  ② 주민등록지 합산요건 3년
  ③ 주민등록상 주소지(1월 1일 기준)

3. 시험과목

- 공개경쟁(경남) : 국어, 한국사, 영어, 공중보건, 해부생리학
- 제한경쟁 : 생물, 공중보건, 의료관계법규

4. 시험방법

- 필기시험 : 100% 객관식(과목당 20문항 / 20분 / 4지선다)
- 면접시험 : 필기시험 합격자에 한하여 면접시험을 거쳐 최종 합격자를 결정함(상대평가)

5. 합격 후 근무처

보건복지부 산하 각 기관, 보건소, 보건지소, 시·군·구청 위생과 병원 및 의료원 등

1. 보건직 공무원이란?

- 보건의료분야, 보건 행정분야 및 방역행정분야의 정책·법령 마련, 집행 및 계획, 예산 관리 등 보건의료 정책 및 질병관리 업무를 담당하는 공무원을 말합니다.
- 운송수단 검역, 검역감염병 관리 및 검역구역 방역 등의 방역업무와 산업보건, 환경위생, 식품 위생 관련 일을 수행합니다.
- 보건복지부나 전국 국립병원 및 질병관리청과 전국의 질병대응센터에서 근무하는 "국가직 공무원"과 전국 지방자치단체가 운영하는 병원이나 의료원 및 보건소, 시청 구청 군청의 위생과 등에서 근무하는 "지방직 공무원"으로 나누어 채용을 합니다.

2. 응시자격

- 나이제한 없음(만 18세부터 응시가능)
- 지방직 공개채용 : 학력제한 없음. 거주지제한 있음.
- 지방직 경력채용 : 간호사 또는 조산사, 기술사, 기사, 산업기사 소지자에 한하여 응시자격을 부여하고 있으니 각 지역별 채용 공고를 통해 확인 필요. 거주지제한 있음.
- 보건복지부 경력채용 : 보건관련학과 졸업(7, 9급 상이) 혹은 석사학위 소지

3. 시험과목

- 전국(지방직) 9급 공개경쟁 : 국어, 영어, 한국사, 공중보건, 보건행정
- 지역별 9급 제한경쟁(경기도, 전라남도, 세종시 등) : 생물, 공중보건, 환경보건(공고에 따라 생물, 공중보건 두 과목 응시)
- 지역별 7급 공개경쟁 : 국어, 영어, 한국사, 생물학개론, 보건학, 보건행정, 역학
- 보건복지부 9급 방역직 : 감염의료관계법규, 공중보건, 영어, 생물

4. 시험방법

- 필기시험 : 100% 객관식
- 면접시험 : 필기시험 합격자에 한하여 면접시험을 거쳐 최종 합격자를 결정함(상대평가)

5. 합격 후 근무처

- 보건소
- 병원 및 의료원
- 산림청 지방산림청
- 보건복지센터
- 시·도·구청
- 보건복지부 산하 각 기관

1. 산림청 특채 공무원이란?

- 산림청에서 일괄 시행하는 시험으로, 응시자는 5개 근무예정 기관(북부, 동부, 남부, 중부, 서부지 방산림청), 직류별로 응시하게 됩니다.
- 산림청 소속 5개 지방산림청 또는 지방청별 관할 국유림관리소(총27개)에서 근무하게 되며, 조림, 숲 가꾸기 등 산림자원·조경의 조성 및 관리, 산불·산사태 산림재난 관련 업무 등 국유림의 경영·관리 업무, 산림휴양·복지시설 조성·운영을 수행합니다.

2. 응시자격

- 나이제한 없음(만 18세부터 응시가능)
- 거주지제한 없음
- 기술사, 기사, 산업기사, 기능사 자격증 소지자에 한함. 기능사자격증 소지자의 경우 직류별 관련 경력이 2년 이상이 되어야 함. (관련분야: 조림, 숲 가꾸기, 산림조사 및 산림경영, 임업인 육성, 산림병해충방제 및 산림보호, 임도사방사업, 산림휴양, 산림교육, 임산가공, 조경 등 산림청 소관업무)

3. 시험과목

- 산림조경직 : 생물, 조림, 조경계획
- 산림자원직 : 생물, 조림, 임업경영
- 산림이용직 : 생물, 조림, 임산가공
- 산림보호직 : 생물, 조림, 산림보호

4. 시험방법(시행처가 필요시에 시행)

- 필기시험 : 100% 객관식(과목당 25문항)
- 면접시험 : 필기시험 합격자에 한하여 면접시험을 거쳐 최종 합격자를 결정함(상대평가)

5. 합격 후 근무처

- 지방산림청(북부, 동부, 남부, 중부, 서부)
- 국유림관리소(27개소)

1. 농업직이란?

농업직 공무원은 농업정책에 대한 행정을 담당하고 농산물유통, 식량증산, 농지의 불법행위 단속, 농지재해대책 등을 처리하는 업무를 맡고 있습니다. 국가직은 농림수산식품부 소속기관에서, 지방직은 각 시, 구청에서 근무하게 됩니다. 채용규모는 매년 다르며 관련자격증이 있으면 3∼5%의 가산점을 받을 수 있습니다.

2. 응시자격

- 나이제한 없음(만 18세 이상 응시 가능, 7급은 만 20세 이상)
- 학력제한 없음
- 국가직 : 거주지제한 없음
- 지방직 : 거주지제한 있음. 시험 당해 연도 1월 1일 이전부터 최종시험(면접시험)일까지 본인의 주민등록상 주소지 또는 국내거소지(재외국민에 한함)가 해당 지역으로 되어 있거나 시험 당해 연도 1월 1일부터 현재 본인의 주민등록상 주소지 또는 국내거소지(재외국민에 한함)가 해당 지역으로 되어 있는 시간이 모두 합하여 3년 이상인 사람

3. 시험과목

- 공개모집 : 국어, 영어, 한국사, 재배학개론, 식용작물학
- 특채, 전직, 승진 : 생물, 식용작물, 농업생산환경

4. 시험방법

- 필기시험 : 100% 객관식(과목당 20문항 / 20분 / 4지선다)
- 면접시험 : 필기시험 합격자에 한하여 면접시험을 거쳐 최종 합격자를 결정(상대평가)

5. 합격 후 근무처

- 국가직 : 농림수산식품부 산하의 소속기관
- 지방직 : 각 시, 구청 등에서 근무

1. 농촌지도사란?

농촌지도사는 농업전문기관 및 정부에서 연구한 기술을 보급하고 농민들에게 필요한 연구를 개발하고 있습니다. 이러한 기술을 보급하기 전에 생활개선, 4-H, 농촌지도자회 등과 같은 농업인들의 학습단체를 양성하며 새로운 기술을 이 단체에 먼저 보급하면서 시범을 거친 후 효과가 나타날 때 시·도·군 농업인들에게 보여주며 보급을 더욱 수월하게 하는 역할을 합니다. 농촌지도사는 농민에게 단순한 지식이나 기술을 전달하는 것으로 끝나는 것이 아니라, 농민 스스로가 생활 개선이나 여건 변화 대응에 대한 필요성을 인식하고 이를 실천하는 데 있어서 농촌지도사의 지식과 기술을 충분히 활용할 수 있도록 지도하고 있습니다.

2. 응시요강

- 공개경쟁(7과목) : 국어, 영어, 한국사, 재배학, 생물학, 토양학, 농촌지도론 등
- 제한경쟁 : 농과관련 대학졸업자(전문대학 또는 대학교 이상) 대상

농촌지도사	
시험방법	• 제1·2차 : 선택형 필기시험　　　• 제3차 시험 : 면접시험
응시자격	• 「지방공무원법」 제31조의 결격사유가 없고, 면접시험일을 기준으로 만 20세 이상 37세 이하인 자 • 지도사 : 고등학교 이상의 졸업자 또는 이와 동등 이상의 학력 소지자 • 색각 이상(색맹·색약)이 아닌 자 • 공고일 현재 응시하고자 하는 각 시·도에 주민등록 또는 본적이 되어 있는 자

3. 응시과목

직렬	제1차 필수 시험과목	제2차 필수 시험과목
농업	국어(한문 포함), 영어, 한국사	생물학개론, 재배학, 작물생리학, 농촌지도론
원예	국어(한문 포함), 영어, 한국사	생물학개론, 재배학, 원예학, 농촌지도론
축산	국어(한문 포함), 영어, 한국사	생물학개론, 가축사양학, 가축번식학, 농촌지도론
임업	국어(한문 포함), 영어, 한국사	생물학개론, 조림학, 임업경영학, 산림보호학
잠업	국어(한문 포함), 영어, 한국사	생물학개론, 육잠함, 재상학, 농촌지도론
농업경영	국어(한문 포함), 영어, 한국사	농업경영학, 통업경제학, 농산물유통학, 농촌지도론
가축위생	국어(한문 포함), 영어, 한국사	생물학개론, 수의보건학, 수의전염병학, 농촌지도론
농촌사회	국어(한문 포함), 영어, 한국사	농촌지도론, 농촌사회학, 농촌정책학, 농업경영학
농업기계	국어(한문 포함), 영어, 한국사	농업작업기계학, 농업동력학
농업토목	국어(한문 포함), 영어, 한국사	물리학개론, 응용역학, 농업수리학, 농촌지도론

차례

생태학

Ⅴ 세포 호흡과 광합성

VI 유전학

기초탄탄
하이클래스
공무원생물 매머 100

1 원자의 구조

중심에 (+) 전하를 띤 원자핵이 있고, 원자핵 주위를 (−) 전하를 띤 전자들이 빠르게 움직이고 있다.

(1) **원자핵** : (+) 전하를 띤 양성자와 전하를 띠지 않는 중성자로 이루어져 있다.

(2) **전자** : 원자핵 주위를 돌고 있으며 (−) 전하를 띠고 있다.

(3) 원자핵이 띠는 (+) 전하의 양과 전자들이 띠는 (−) 전하의 양이 같아서 원자는 전기적으로 중성이다.

(4) 원자의 종류에 따라서 (+) 전하를 띤 양성자 수가 다르므로 원자를 구분하기 위해서 양성자 수를 원자번호로 사용한다.

(5) 원자의 질량은 원자핵이 대부분을 차지하고 전자의 질량은 무시할 수 있을 정도로 작으므로 양성자 수와 중성자 수의 합이 원자의 질량이다.

Tip

원자번호와 원자량

원자번호 = 양성자 수 = 전자 수

원자량(원자의 질량) = 양성자 수 + 중성자 수

2 원자번호와 질량 수

원자	원자번호	원자핵		전자 수	질량 수
		양성자 수	중성자 수		
수소(H)	1	1	0	1	1
탄소(C)	6	6	6	6	12
질소(N)	7	7	7	7	14
산소(O)	8	8	8	8	16

1 원자의 표시 방법

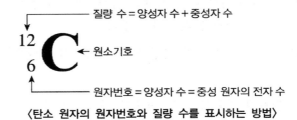

〈탄소 원자의 원자번호와 질량 수를 표시하는 방법〉

2 동위 원소

양성자 수는 같으나 중성자 수가 달라서 원자번호는 같고 질량 수가 다른 원소를 동위 원소라 하며, 특히 동위 원소 중에서 방사능을 띤 방사성 동위 원소는 불안정하여 방사성 붕괴를 일으킨다. 붕괴가 일어나면서 방사능이 방출되기 때문에 쉽게 추적이 가능하여 추적자로 사용된다. ^{14}C(탄소), ^{32}P(인), ^{35}S(황) 등의 방사성 동위 원소는 이들 원소의 방사능으로 쉽게 추적이 가능하다.

3 질소와 질소의 동위 원소 표시 방법

(1) **질소** : 원자번호는 7이고 질량 수는 14이다.

$$^{14}_{7}N$$

(2) **질소의 동위 원소** : 원자번호는 7이고 질량 수는 15이다.

$$^{15}_{7}N$$

전자를 얻거나 잃어 원자핵의 (+) 전하의 양과 전자가 가진
(−) 전하의 양에 차이가 생겨 전하를 띠게 된 입자이다.

1 옥텟 규칙

원자들은 가장 안쪽의 전자가 2개가 되고, 그다음 궤도부터는
전자가 8개가 되어야 원자 자신이 안정된다. 이 때문에 전자를 잃
거나 얻어서 마지막 껍질의 전자가 8개가 되려는 경향성을 갖는데,
이와 같은 것을 옥텟 규칙이라고 한다.

2 양이온

원자가 전자를 잃어 원자핵의 (+) 전하의 양이 전자가 가진
(−) 전하의 양보다 많아져서 양(+) 전하를 띠게 된 입자

3 음이온

원자가 전자를 얻어 전자가 가진 (−) 전하의 양이 원자핵의
(+) 전하의 양보다 많아져서 음(−) 전하를 띠게 된 입자

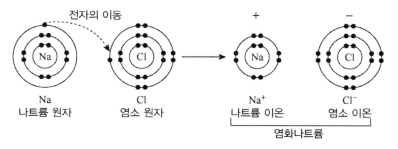

Tip
• 나트륨(Na)　　　　　　　• 염소(Cl)

1 산(acid)

물에 녹았을 때, 이온화하여 수소 이온(H^+ : 양성자)을 내놓는 화학 물질로, 일반적으로 신맛을 가지며 리트머스 종이를 붉게 변색시킨다. 산(acid)은 대부분 김치, 요구르트, 식초나 사과, 레몬과 같이 신맛을 내기 때문에 '시다(acidus)'라는 라틴어에서 유래되었으며, 산의 세기는 용액 속에 들어 있는 수소 이온의 농도에 따라 달라지는데, 수소 이온을 많이 내는 산을 강산, 적게 내는 산을 약산이라 한다. 염산(HCl), 황산(H_2SO_4), 질산(HNO_3) 등은 강산이며, 탄산(H_2CO_3), 인산(H_3PO_4) 등이 약산이다.

 Tip

• 황(S) • 인(P)

2 염기(base)

물에 녹았을 때, 이온화하여 수산화 이온(OH^-)을 내놓는 물질, 또는 수소 이온(H^+)을 받아들일 수 있는 화학 물질로, 리트머스 종이를 푸른색으로 변색시킨다. 염기(base)는 소금과 같은 염을 만들어 내는 성질이 있어서 염을 만들어 내는 '기초(basis)'가 된다는 뜻의 그리스어에서 유래되었다. 쓴맛을 내거나 피부에 닿았을 때 미끈미끈한 느낌을 주는 것으로 비누, 샴푸, 세제 등이 염기성 물질이다. 수산화나트륨(NaOH), 수산화칼륨(KOH) 등은 강염기이고, 수산화마그네슘(Mg(OH)$_2$), 수산화철(Fe(OH)$_2$) 등은 약염기이다.

 Tip

• 칼륨(K) • 마그네슘(Mg) • 철(Fe)

기호는 pH로 표시하는데, p는 지수의 potential을, H는 수소 이온(Hydrogen ion)을 나타낸다. 수용액 중의 수소 이온 농도는 매우 작은 수치를 갖기 때문에 수소 이온 농도에 -log값을 사용해서 나타낸 것을 pH라고 한다. 즉, pH=-log[H⁺]가 된다.

예를 들어 [H⁺] 농도가 $\frac{1}{10^2}$이면 pH=2라 하고, [H⁺] 농도가 $\frac{1}{10^3}$이면 pH=3이라 한다. 따라서 pH=1 차이는 [H⁺] 농도 10배의 차이가 나고, pH=2 차이는 [H⁺] 농도 100배의 차이가 생기게 된다.

pH가 7인 중성의 순수한 물의 경우 [H⁺] 농도가 $\frac{1}{10^7}$이므로 pH로 표시하면 7이 된다.

수용액 속에서 물 분자의 일부는 수소 이온(H⁺)과 수산화 이온(OH⁻)으로 이온화되는데, 중성 수용액의 [H⁺]는 $\frac{1}{10^7}$이고 [OH⁻]도 $\frac{1}{10^7}$이므로 그 곱은 $\frac{1}{10^{14}}$이 된다.

식으로 표시하면 [H⁺][OH⁻]=$\frac{1}{10^{14}}$이 된다(대괄호는 물질의 농도를 표시한다).

이때 같은 수의 수소 이온(H⁺)과 수산화 이온(OH⁻)이 생성되거나 사라지므로 수소 이온 농도[H⁺]와 수산화 이온 농도[OH⁻]의 곱은 항상 pH에 관계없이 $\frac{1}{10^{14}}$로 일정하다.

산이 더해져서 [H⁺]가 $\frac{1}{10^6}$로 높아지면 [OH⁻]는 $\frac{1}{10^8}$로 낮아지게 된다.

Tip
- pH가 7인 중성의 순수한 물을 기준으로 하여 pH가 7보다 작은 용액은 산성, pH가 7보다 큰 용액은 염기성 또는 알칼리성이라 한다.
- 수소 이온의 농도가 높을수록 pH가 작으며, 강한 산성 물질이라 부른다.
- pH 1의 차이가 나는 농도에서 [H⁺] 농도는 10배 차이를 나타낸다.

THEME
006 | 물

1 생명체의 필수 원소

O > C > H > N > Ca(칼슘) > P(인) > K(칼륨) > S(황) > Na(나트륨)
> Cl(염소) > Mg(마그네슘)

2 물(H_2O)

(1) 극성이 있다.

① 전기 음성도 : 분자 내 원자가 전자를 끌어당기는 능력(전기
음성도가 높은 원자 : F, O, N)

• 플루오린(불소, F)

② 물 분자는 분자 전체로는 전기적으로 중성이지만 물 분자를
이루는 산소 원자는 수소 원자보다 전자를 끌어당기는 힘(전
기 음성도)이 강하기 때문에 산소 원자와 수소 원자 사이의
결합에서 음(−) 전하를 띠고 있는 전자는 산소 원자 쪽으로
끌리게 된다. 이 때문에 산소 원자는 약
한 음(−) 전하를 띠고 수소 원자는 반대
로 약한 양(+) 전하를 띠게 되어 물은
극성을 띠게 된다.

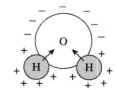

③ 극성 : 서로 상반
된 두 가지의 성질
이 한 물체에서 공
존할 때를 말한다.

(2) 수소 결합을 한다.

• 수소 결합 : 전기 음
성도가 높은 원자(F,
O, N)와 결합을 하
고 있는 수소 원자
가 또 다른 전기 음
성도가 높은 원자

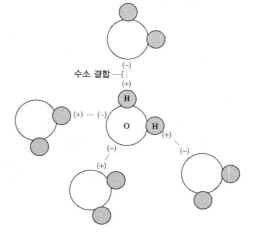

수소 결합

(F, O, N) 사이의 분자 간 결합으로 수소 결합을 형성하는 분자들은 다른 분자들에 비해 분자 간 인력이 크다. 따라서 수소결합을 하고 있는 물 분자는 다른 액체에 비해서 응집력과 표면장력이 크다.

(3) 물의 특성

① 극성을 띠기 때문에 생물체 내 각종 물질의 용매로 작용한다.
  • 물질을 용해시켜 물질의 흡수와 이동을 쉽게 한다.

② 비열이 커서 체온 유지에 유리하다.
  • 비열 : 물질 1g의 온도를 1℃ 올리는 데 필요한 열량
  • 비열이 크다는 것은 온도를 높이는 데 많은 열량이 필요하므로 주변 온도 변화에도 체온이 쉽게 올라가거나 내려가지 않는다는 것을 의미한다.

③ 기화열이 커서 땀을 흘려 체온 유지를 용이하게 할 수 있다.
  • 기화열 : 액체가 같은 온도의 기체로 변하는 데 필요한 열량
  • 기화열이 크면 땀을 흘렸을 때 물이 수증기로 기화되면서 몸의 열을 많이 빼앗아가므로 체온을 낮추는 효과가 크다.

 Tip

물의 비열과 기화열이 높은 이유는 물 분자 사이의 수소 결합을 끊는 데 많은 열이 소비되기 때문이다.

④ 화학 반응의 매개체가 되어 생물체 내에서 물질대사가 원활하게 진행되도록 한다.
  • 탈수축합 : 물이 빠져나오면서 결합하는 것
  • 가수분해 : 물이 첨가되면서 분해되는 것

 Tip

표면장력
액체의 표면을 작게 하려고 액체를 구성하는 분자들이 서로 끌어당기는 인력을 말하는데, 물방울이 둥근 모양이 되는 것이나 소금쟁이가 물 위를 걸어다닐 수 있는 것은 물의 표면장력이 크기 때문이다.

🔧 용어 해설

• 용매 : 녹이는 물질
• 용질 : 녹는 물질

🔧 OX 퀴즈

1. 물은 극성이 있어서 용매로 작용하므로 영양소를 용해시켜 영양소의 흡수와 이동을 쉽게 한다.
( )
2. 물이 비열과 기화열이 큰 이유는 물 분자 사이의 수소 결합 때문이다.
( )

🔧 확인 콕콕콕!

1. 생명체의 필수 원소 중 가장 많은 양을 구성하는 것부터 4가지만 순서대로 쓰시오
2. 물이 생물체 내에서 각종 물질의 용매로 작용할 수 있는 것은 (   )이 있기 때문이다.
3. 물이 비열과 기화열이 커서 체온 유지와 체온 조절을 용이하게 할 수 있는 것은 물 분자 사이의 (   ) 때문이다.

🔒 1. ○   2. ○
🔒 1. O > C > H > N
   2. 극성
   3. 수소 결합

007 | 탄수화물

탄수화물(C, H, O)

1 단당류

탄소 수가 적고 분자 구조가 가장 단순한 것으로, 탄소 수에
따라 3탄당, 5탄당, 6탄당 등으로 분류한다.

(1) **3탄당** : $C_3H_6O_3$(글리세르 알데하이드)

(2) **5탄당** : $C_5H_{10}O_5$(리보스), $C_5H_{10}O_4$(디옥시리보스)

(3) **6탄당** : $C_6H_{12}O_6$(포도당, 과당, 갈락토스)

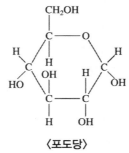

⟨리보스⟩   ⟨디옥시리보스⟩

⟨포도당⟩   ⟨과당⟩

2 이당류 : 단당류 두 분자가 결합한 것

(1) **엿당** : 포도당 + 포도당

(2) **젖당** : 포도당 + 갈락토스

(3) **설탕** : 포도당 + 과당

3 **다당류** : 수백에서 수천 개의 단당류가 결합한 것

(1) **녹말** : 식물성 저장 탄수화물

(2) **글리코젠** : 동물성 저장 탄수화물

(3) **셀룰로스(섬유소)** : 식물세포의 세포벽을 이루는 성분

> 녹말 → 엿당 → 포도당 → 간이나 근육에 글리코젠으로 합성되어 저장된다.

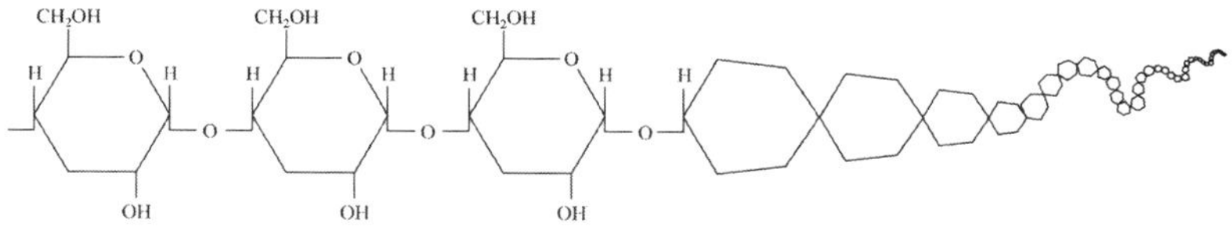

개정된 용어

• 글리코겐 → 글리코젠

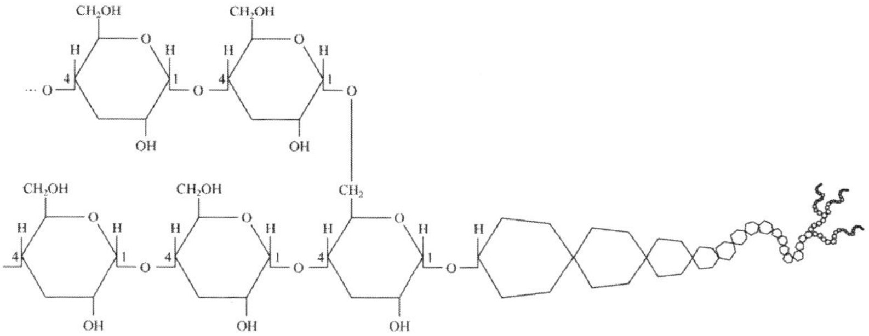

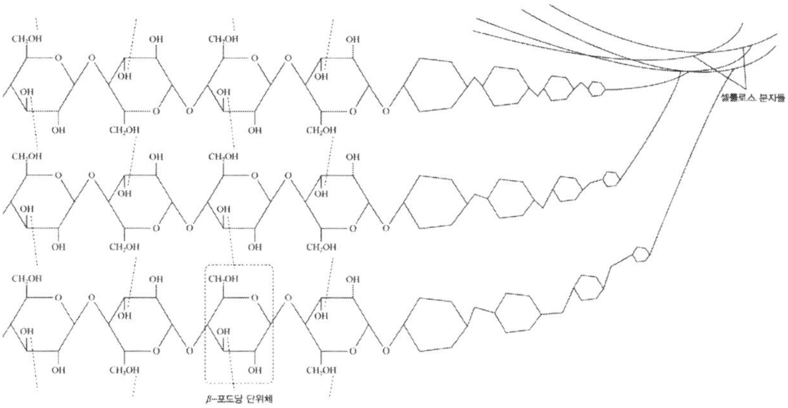

확인 콕콕콕!

1. 다당류에는 ( ), ( ), ( )가 있다.
2. 동물은 포도당을 간이나 근육에 ( )으로 저장한다.

〈녹말〉

〈글리코젠〉

β-포도당 단위체

〈셀룰로스〉

❽ 1. 글리코젠, 녹말, 셀룰로스
2. 글리코젠

THEME
008 | 지 질

지질(C, H, O) : 물에 잘 녹지 않고 유기 용매에 잘 녹는다.

1 **중성 지방** : 지방산 3분자와 글리세롤 1분자가 결합한 화합물

글리세롤   지방산

2 **인지질** : 중성 지방에서 한 분자의 지방산 대신 인산기가 포 함된 화합물이 결합된 것으로, 친수성(인산과 글리세롤이 있 는 부분)인 머리 부분과 물과 친화력이 없는 소수성(지방산이 있는 부분)인 꼬리 부분으로 되어 있으며 생체막을 구성하는 중요 성분의 하나이다.

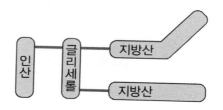

3 **스테로이드** : 3개의 6각형고리와 5각형고리 1개로 구성된 구 조를 갖는다. 콜레스테롤이 이에 속한다.

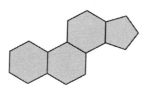

Tip

1. 중성 지방

2. 포화 지방산과 불포화 지방산

지방산의 분자 중에서 탄소와 탄소 사이에 2중 결합이 없는 것을 포화 지방산이라 하고, 2중 결합이 있는 것을 불포화 지방산이라고 한다. 포화 지방산은 불포화 지방산에 비해 녹는점과 끓는점이 높기 때문에 포화 지방산이 많이 함유되어 있는 동물성 지방은 상온에서 고체 또는 반고체 상태인 경우가 많고, 불포화 지방산을 많이 함유하고 있는 식물성 지방은 상온에서 액체 상태인 경우가 많다.

개념
확인

01 다음 그림에 대한 설명으로 옳지 않은 것은?

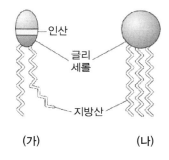

(가)   (나)

① (가)와 (나)는 모두 지질을 나타낸 것이다.
② (가)는 인지질이다.
③ (나)는 중성 지방이다.
④ (가)와 (나)는 모두 지방산 3분자와 글리세롤 1분자로 구성되어 있다.

해설 (가)는 중성 지방에서 한 분자의 지방산 대신 인산기가 포함된 것이므로 지방산 2분자, 글리세롤 1분자, 인산으로 구성되어 있다. 정답 ④

THEME
009 | 단백질

단백질(C, H, O, N, S)

1 단백질의 구성단위는 아미노산이다.

2 아미노산은 탄소 원자에 아미노기(NH_2), 카복시기(COOH)와 다양한 곁가지(R 부분)가 결합된 구조를 가진다.

3 아미노산의 종류는 곁가지의 종류에 의해 결정되며, 20종류가 있다.

기능기(곁가지)

$$H - N - C - C - OH$$

아미노기　　　카복시기

4 **필수 아미노산** : 체내에서 합성되지 못하는 아미노산으로 반드시 음식물을 통해 섭취해야 한다.

5 **펩타이드 결합** : 아미노산과 아미노산의 결합을 펩타이드 결합이라고 하며 아미노산이 여러 개 연결된 것을 폴리펩타이드라고 한다.

단백질 → 폴리펩타이드 → 아미노산

 Tip

• Mono : 하나
• Tri : 셋
• Di : 둘
• poly : 많은

010 | 핵 산

핵산(C, H, O, N, P)

1 성질

(1) DNA : 유전자의 본체

(2) RNA : 단백질 합성에 관여

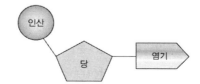

2 구성 성분 : 뉴클레오타이드(염기 + 당 + 인산)

3 핵산의 종류

종류	DNA(디옥시리보핵산)	RNA(리보핵산)
염기	A(아데닌) G(구아닌) C(사이토신) T(티민)	A G C U(유라실)
당	디옥시리보스 $C_5H_{10}O_4$	리보스 $C_5H_{10}O_5$

4 DNA의 구조 : 이중 나선 구조

두 가닥의 DNA가 염기 부분에서 수소 결합을 하면서 나선형으로 꼬여 있다.

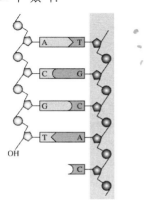

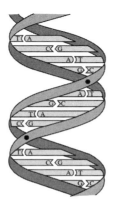

5 RNA의 구조 : 단일 사슬

1 물질대사와 에너지대사

(1) **물질대사** : 생물체 내에서 일어나는 합성(동화)과 분해(이화)의 화학 반응이다.

① **동화(합성)** : 광합성

CO_2(이산화탄소) + H_2O(물) → $C_6H_{12}O_6$(포도당) + O_2(산소)

② **이화(분해)** : 호흡(세포호흡)

$C_6H_{12}O_6$(포도당) + O_2(산소) → CO_2(이산화탄소) + H_2O(물)

(2) **에너지대사** : 물질대사에 따른 에너지의 이동

① **동화** : 흡열 반응

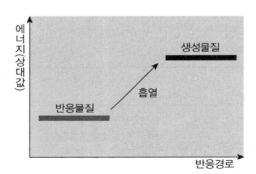

② **이화** : 발열 반응

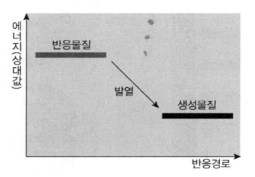

(3) 동화 작용과 이화 작용의 비교

동화 작용	이화 작용
간단한 저분자 물질을 복잡한 고분자 물질로 합성	복잡한 고분자 물질을 간단한 저분자 물질로 분해
흡열 반응(에너지를 흡수)	발열 반응(에너지를 방출)
예 광합성, 단백질 합성	예 세포호흡, 소화

2 ATP : 에너지 저장 장소

(1) ATP의 합성 : 세포호흡에 의해 유기 양분이 분해될 때 나오는 에너지의 일부는 ATP를 합성함으로써 저장된다.

(2) ATP의 구조 : 아데노신(아데닌 + 리보스)에 3개의 인산이 결합된 화합물

(3) ATP의 분해와 에너지의 방출 : ATP에서 인산 1개가 분리되어 ADP로 되는 반응은 발열 반응이다. 이때 ATP 1분자 당 약 7.3kcal의 에너지가 방출되어 생명 활동에 이용된다.

(4) ATP → ADP + 인산 + 에너지

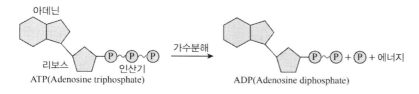

ATP(Adenosine triphosphate) ADP(Adenosine diphosphate)

Tip

에너지의 전환과 이용

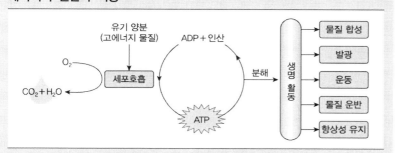

빛에너지는 식물의 광합성에 의해 포도당(화학에너지)에 저장되었다가 호흡을 통해 ATP(화학에너지)로 전환된 후 분해되면서 생명 활동에 필요한 생활에너지로 사용된다.

THEME
012 | 핵과 세포막

OX 퀴즈

1. 인은 리보솜을 생성하며 성분은 단백질과 DNA로 되어 있다.
   (   )
2. 세포막은 이중층 구조로 되어 있다.   (   )
3. 세포막은 이중막이다.   (   )

확인 콕콕콕!

1. 핵 속의 실 모양으로 유전에 관여하는 (   )는 성분이 단백질과 (   )로 구성되어 있다.
2. 인은 핵 속의 공 모양으로 (   )을 생성하며 성분은 단백질과 (   )로 구성되어 있다.
3. 세포막은 세포질을 싸고 있는 막으로 (   )의 성질을 가지고 있으며 성분은 단백질과 (   )로 구성되어 있는데, 머리 부분은 (   )성이고 꼬리 부분은 (   )성의 특성이 있으며 2중층을 이루고 있다.

① 핵

세포의 중심에 있는 작은 공 모양의 물체로, 세포 활동의 중심부가 되는 곳이며 일반적으로 한 개의 세포에 1개가 있다.

(1) **핵막** : 단백질과 인지질로 구성된 이중층의 이중막으로, 핵공을 통해 핵과 세포질의 물질이 출입한다.

(2) **염색사** : 핵 속에 있는 실 모양의 구조물로 세포 분열 때 염색체로 되어 유전에 관여한다(성분 : 단백질＋DNA).

(3) **인** : 핵 속의 공 모양으로 리보솜을 생성한다(성분 : 단백질＋RNA).

② 세포막

(1) 세포질을 싸고 있으며 세포의 형태를 유지하고 내부를 보호한다.

(2) **성질** : 물질을 선택적으로 통과시키는 선택적 투과성의 막

(3) **성분** : 단백질과 인지질로 구성된 이중층의 단일막

❖ **유동 모자이크막 구조설** : 단백질은 인지질층 속에 파묻혀 있거나 인지질층 표면에 붙어 있는데, 단백질이 인지질층 속에서 자유롭게 떠다닐 수 있다는 막 구조 가설이다(인지질 분자는 물과 친화력이 있는 친수성인 머리 부분과 물과 친화력이 없는 소수성인 꼬리 부분으로 이중층을 이룸).

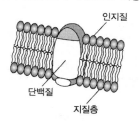

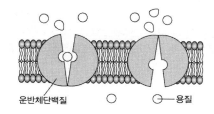

⑥ 1. × 2. ○ 3. ×
⑧ 1. 염색사, DNA
   2. 리보솜, RNA
   3. 선택적 투과성, 인지질, 친수, 소수

013 | 물질대사에 관여하는 세포 소기관

1 엽록체

(1) 식물세포에 있는 광합성 장소로서 녹색 부분인 그라나와 무색 부분인 스트로마라는 기질로 되어 있고, 이중막이며 DNA를 함유하고 있어서 자기 증식을 한다.

(2) **색소** : 그라나의 틸라코이드 막에 있다.

① **엽록소** : 녹색

② **카로틴** : 적황색

③ **잔토필** : 황색

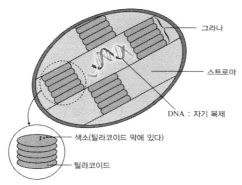

그라나

스트로마

DNA : 자기 복제

색소(틸라코이드 막에 있다)

틸라코이드

2 미토콘드리아

(1) 둥근 막대 모양의 세포 호흡 장소로서 이중막이며, DNA를 함유하고 있어서 자기 증식을 한다.

(2) 에너지(ATP) 생성 장소

(3) 내막은 주름진 크리스타 구조

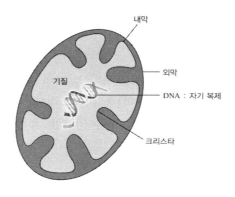

내막

외막

DNA : 자기 복제

기질

크리스타

| 물질의 수송과 분해를 담당하는 세포 소기관

개정된 용어

- 조면 소포체 → 거친면 소포체
- 활면 소포체 → 매끈면 소포체

확인 콕콕콕!

1. 분비물, 노폐물의 배출 통로인 소포체는 리보솜이 부착된 (　) 소포체와 리보솜이 없는 (　) 소포체가 있는데, 리보솜이 없는 소포체에서는 (　)을 저장하고 (　)을 합성한다.
2. (　)에서 생성되는 리보솜은 (　) 합성 장소로서 성분은 단백질과 (　)로 구성되어 있다.
3. 골지체는 둥근 주머니 모양으로 물질의 (　) 작용과 (　) 작용을 한다.
4. 리소좀은 (　)로부터 기원하며, (　) 작용과 (　) 작용을 한다.

1 리보솜

(1) 막으로 싸여있지 않으며 단백질 합성 장소로서 인에서 합성된다.

(2) **성분** : 단백질＋RNA

2 소포체

(1) 막으로 이루어져 있으며 미세한 관 모양이나 주머니 모양의 구조로서 물질의 이동 통로가 된다.

(2) **거친면 소포체** : 리보솜이 부착된 소포체

(3) **매끈면 소포체** : 리보솜이 없는 소포체로 Ca^{2+} 저장, 지질을 합성한다.

3 골지체

(1) 막으로 둘러싸여 있으며 소포체의 일부가 떨어져 나와 생긴 것으로 물질의 분비, 저장 작용을 한다.

(2) 납작한 주머니가 여러 층으로 포개져 있는 모양의 구조로서 분비 작용이 활발한 세포에 특히 발달되어 있다.

4 리소좀

(1) 주로 동물세포에 있으며 막으로 둘러싸인 구형의 구조로 골지체로부터 기원한다.

(2) 가수 분해 효소가 있어서 세포 내 소화 작용(손상된 세포 소기관을 분해)과 식세포작용에 의해서 형성된 식포와 융합하여 리소좀 효소들이 이들을 소화하는 작용을 한다.

5 중심 액포

(1) 주로 식물세포에 있으며, 막으로 싸여있는 주머니 모양이다.

(2) 내부에 영양소, 무기염류, 꽃의 색깔을 나타내는 색소 등이 들어 있다.

답 1. 거친면, 매끈면, Ca^{2+}, 지질
2. 인, 단백질, RNA
3. 분비, 저장
4. 골지체, 소화, 식균

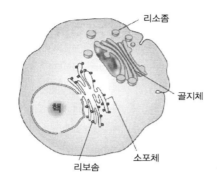

Tip

리소좀의 세균을 분해하는 작용과 소화 작용

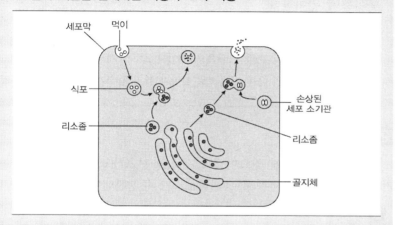

(1) 리소좀의 세균을 분해하는 작용
  ① 골지체로부터 막에 싸인 채 떨어져 나와 리소좀이 된다.
  ② 세균을 막으로 싸서 들어온 식포와 리소좀이 합쳐지면 리소좀에 들어있는 가수분해 효소에 의해 세균이 분해된다.
  ③ 분해 산물은 세포 밖으로 분비된다.
(2) 리소좀의 소화 작용
  ① 손상된 세포 소기관과 리소좀이 합쳐지면 리소좀에 들어있는 가수분해 효소에 의해 손상된 세포 소기관이 분해된다.
  ② 분해 산물은 세포 밖으로 분비된다.

Tip

소포체에서 골지체가 유래되었고, 골지체에서 리소좀이 유래되었다.

세포의 지지와 운동을 담당하는 세포 소기관

1 중심체

(1) 주로 동물세포에 있고 막으로 싸여있지 않다.

(2) 2개의 중심립이 직각으로 배열되어 있다.

(3) 세포 분열 때 양극으로 이동하여 방추사를 형성하여 염색체 이동에 관여한다.

(4) 편모나 섬모 형성에 관여한다.

편모	일종의 운동 기관으로 길이가 길고 1개~몇 개 정도 된다.
섬모	일종의 운동 기관으로 길이가 짧지만 수가 많아서 노 젓는 것과 같이 움직인다.

2 세포벽

주로 식물세포에 있으며 식물세포를 보호하고 형태를 유지하는 기능을 하며, 전 투과성으로 셀룰로스가 주성분이다.

Tip
세포

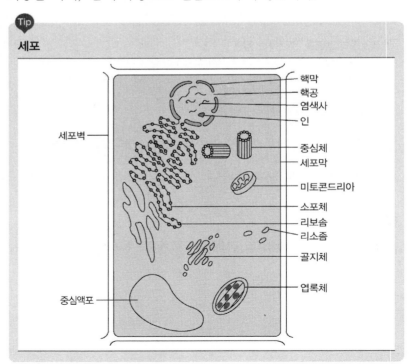

016 | 세포막을 통한 물질의 이동

1 확산

많은 쪽에서 적은 쪽으로 물질분자가 스스로 퍼져나가는 현상으로 에너지(ATP)가 소모되지 않는다.

2 삼투

용매가 반투막을 통해 확산하는 현상으로 에너지(ATP)가 소모되지 않는다.

(1) **삼투압** : 삼투로 인해서 반투막이 받는 압력이다.

(2) 용매는 저장액에서 고장액으로 삼투한다.

3 능동 수송

세포막이 농도경사를 역행해서 낮은 농도에서 높은 농도로 물질을 이동시키는 것으로 에너지(ATP)가 이용된다.

4 세포 외 배출, 세포 내 섭취 작용 : 세포막을 통과하여 이동하기 어려운 물질들을 주머니를 만들어 이동시키는 방식으로 에너지(ATP)가 이용된다.

(1) **세포 외 배출 작용(exocytosis, 외포 작용 : 안→밖)**
세포에서 합성된 여러 가지 물질들이 들어있는 작은 주머니가 세포막과 융합하면서 세포 밖으로 분비하는 작용이다.

> 예 호르몬, 소화샘에서 만들어지는 소화효소, 젖샘에서 만들어지는 젖

(2) **세포 내 섭취 작용(endocytosis, 내포 작용 : 밖→안)**
세포막의 일부가 외부에 있는 물질을 둘러싼 후 세포 안으로 끌어들이는 이동 방식을 말한다. 예 백혈구의 식균 작용

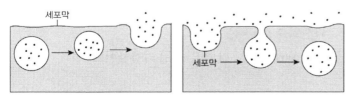

〈세포 외 배출 작용〉　　〈세포 내 섭취 작용〉

📌 개정된 용어

• 아밀라아제 → 아밀레이스
• 카탈라아제 → 카탈레이스

✏️ OX 퀴즈

1. 효소는 반응이 끝난 후 재사용될
   수 있다. ( )
2. 효소는 생체 촉매라고도 하며 단
   백질이 주성분이다. ( )

✏️ 확인 콕콕콕!

1. 효소가 반응물과 결합하는 특정
   부분을 ( )라 하며, 효소와 기
   질이 결합하여 형성된 것을 ( )
   라 한다.
2. 과산화수소를 물과 산소로 분해
   하는 효소는 ( )이며 최적 pH
   는 ( )이다.

1 효소

생물체 내에서 화학 반응을 촉진시켜주는 촉매 작용을 하는
물질

2 효소의 특성

(1) **기질 특이성** : 효소는 특정 기질에만 작용한다.

① **활성 부위** : 효소가 반응물과 결합하는 특정 부분이다.

② 효소는 단백질이 주성분인 생체 촉매이다.

③ 효소는 기질과 결합하여 효소·기질 복합체를 형성하며, 생
성물이 만들어진 후 분리되어 새로운 기질과 결합하여 반
응을 반복하므로, 적은 양으로도 많은 양의 기질과 반응할
수 있다. 즉, 효소는 반응 후 자신은 변하지 않으면서 반응
속도만 변화시킨다.

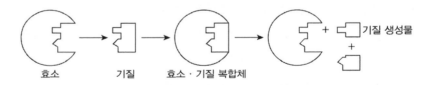

(2) **최적 온도** : 효소가 작용하기에 가장 적당한 온도(체온 범위의
온도)

❖ 효소는 열에 약한 단백질로 구성되어 있으므로 고온에서는 변성된다.

(3) **최적 pH** : 효소가 작용하기에 가장 적당한 pH

① 펩신(pH = 2) : 단백질 → 폴리펩타이드

② 아밀레이스(pH = 7) : 녹말 → 엿당

③ 카탈레이스(pH = 7, 간, 적혈구, 감자에 포함된 효소) :
과산화수소 → 물 + 산소

④ 트립신(pH = 8) : 단백질 → 폴리펩타이드

🅐 1. ◯ 2. ◯

🅑 1. 활성 부위, 효소·기질 복합체
   2. 카탈레이스, 7

3 효소의 구성

(1) 단백질로만 구성된 효소

대부분의 소화 효소(아밀레이스, 펩신, 트립신 등)

(2) 단백질과 보조 인자로 구성된 효소 : 대부분의 산화환원 효소

① **주효소** : 보조 인자의 도움을 필요로 하는 효소로 단백질로 구성되어 있다.

② **보조 인자** : 비타민이나 금속원소로 이루어져 있다.

- 조효소 : 보조 인자가 비타민일 경우

  종류 탈수소 효소의 조효소
  - NAD$^+$(nicotinamide adenine dinucleotide), NADP$^+$
  - FAD(flavin adenine dinucleotide)
  - nicotinamide와 flavin은 모두 비타민B군에 속한다.

- 보결족 : 보조 인자가 금속 원소일 경우

  종류 Fe(철), Cu(구리), Mg(마그네슘)

Tip

산화와 환원

산화	① 산소와 결합 ② 수소가 떨어져 나감 ③ 전자가 떨어져 나감
환원	① 산소가 떨어져 나감 ② 수소와 결합 ③ 전자와 결합

개념 확인

01 효소에 대한 설명으로 옳지 않은 것은?

① 주성분은 단백질이다.

② 하나의 효소는 여러 가지 반응을 촉매한다.

③ 온도가 낮아지면 반응 속도가 느려진다.

④ 온도가 높아지거나 pH가 달라지면 변성된다.

해설 효소는 기질 특이성이 있어서 하나의 반응을 촉매한다. **정답** ②

확인 콕콕콕!

1. 주효소의 작용을 도와주는 보조 인자가 비타민일 경우는 (   )라고 하고 금속 원소일 경우는 (   )이라고 한다.

2. 어떤 물질이 전자를 받았을 때 (   )되었다고 한다.

❻ 1. 조효소, 보결족
2. 환원

018 | 염색체

1 염색사

DNA와 단백질로 구성되어 있는 코일 모양으로, 염색사의 구성 단위는 뉴클레오솜(DNA가 히스톤 단백질을 감고 있는 구조)이다.

2 염색체

세포 분열 시 염색사가 꼬이고 응축되어 덩어리 모양의 형태를 갖춘 것이다.

3 염색분체

DNA가 2배로 복제되어 염색체는 동일한 염색체 가닥 2개로 되는데, 이 가닥을 각각 염색분체라고 한다.

4 동원체

염색체의 잘록하게 보이는 부분을 동원체라 하며, 세포 분열 시 방추사가 부착되는 곳이다.

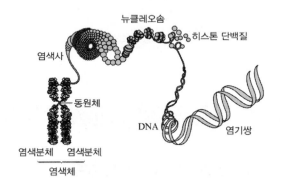

5 상동 염색체

모양과 크기가 같은 한 쌍의 염색체를 말하며, 하나는 부계에서 다른 하나는 모계로부터 물려받은 것이다.

6 상염색체

성 결정과 관련이 없는 암수가 공통적으로 가지는 염색체이다.

7 성염색체

성을 결정하는 한 쌍의 염색체로서 암수에 따라 각각 다르다.

예 사람의 경우 체세포에는 46개의 염색체가 있는데 44개는 상염색체이고 남자의 경우 XY, 여자의 경우 XX를 성염색체라 한다.

8 핵상과 핵형

(1) **핵상** : 상동 염색체의 조합 상태를 나타낸 것이다.

복상(2n)	상동 염색체가 모두 쌍으로 존재하므로 체세포의 핵상은 2n이다.
단상(n)	한 쌍의 상동 염색체가 한 개씩만 있는 것으로 생식세포의 핵상은 n이다.

(2) **핵형** : 세포 내에 들어 있는 염색체의 수, 모양, 크기는 생물의 종에 따라 다른데, 이를 핵형이라고 한다. 상염색체는 1번부터 22번에 나타내고 23번은 성염색체이다.

〈여자의 핵형 = 44 + XX〉

〈남자의 핵형 = 44 + XY〉

019 | 체세포 분열

1 **체세포 분열 과정** : 생장과 재생을 하기 위한 분열

간기	전기	중기	후기	말기

(1) **간기** : 분열기와 분열기 사이의 기간

(2) **전기**

① 핵막과 인이 사라진다.

② 염색사가 응축되어 막대기 모양의 염색체로 된다(2개의 염색분체로 된 염색체가 나타난다).

③ 중심체가 양극으로 이동하여 방추사가 뻗어 나온다.

(3) **중기** : 염색체가 세포의 중앙에 배열되고 방추사가 염색체의 동원체에 부착된다. 중기는 염색체의 수나 모양이 가장 잘 관찰되는 시기이다.

(4) **후기** : 염색분체가 분리되어 방추사에 끌려 양극으로 이동한다.

(5) **말기**

① 핵막과 인이 출현하여 2개의 딸핵이 형성된다(핵분열).

② 염색체가 풀리면서 염색사로 된다.

③ 방추사 소실

④ 세포질 분열(2개의 딸세포 형성)

2 **세포 분열 관찰 시 염색체 염색약** : 아세트산카민, 메틸렌블루

동물세포의 경우 붉은색의 세포가 많기 때문에 아세트산카민 용액보다는 푸른색으로 염색이 되는 메틸렌블루 용액을 주로 사용하며, 붉은색으로 염색이 되는 아세트산카민 용액은 녹색을 띠는 세포가 많은 식물세포에 주로 사용된다.

3 체세포 분열과 DNA 양의 변화

간기의 S기에 DNA를 1회 복제한 후 딸세포에 똑같이 나누어져서 들어가기 때문에 딸세포와 모세포의 염색체 수와 DNA 양은 변함없다.

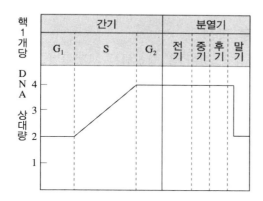

(1) **G_1기** : 간기 중에 DNA 복제가 시작되기 전
(2) **S기** : DNA가 합성되어 복제되는 시기
(3) **G_2기** : DNA 복제 후 세포 분열이 시작되기 전
(4) **M기** : 세포 분열기(전기, 중기, 후기, 말기)

확인 콕콕콕!

1. 체세포 분열에서는 1개의 모세포로부터 ( )개의 딸세포가 형성되고, 모세포와 딸세포의 ( ) 양과 ( ) 수는 같다.
2. 체세포 분열에서 모세포와 딸세포의 핵상은 ( )으로 같다.
3. 세포질 분열은 분열기의 ( ) 때 일어난다.

---

01 체세포 분열에 대한 설명 중 옳지 않은 것은?

① 전기 – 핵막과 인이 사라지고 DNA가 복제된다.
② 중기 – 염색체가 적도면에 배열되고 동원체에 방추사가 부착된다.
③ 후기 – 염색분체가 분리되어 양극으로 이동된다.
④ 말기 – 핵분열과 세포질 분열이 일어난다.

해설 전기에는 염색사가 염색체가 되고, DNA 복제는 간기에서 일어난다. **정답** ①

❻ 1. 2, DNA, 염색체
2. 2n
3. 말기

020 | 감수 분열(생식세포 분열)

1 감수 분열 과정

생식세포(정자, 난자)를 형성하는 과정이며, 연속 2회 분열하여 4개의 생식세포(딸세포)가 생성된다.

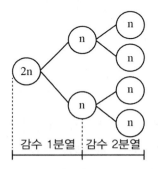

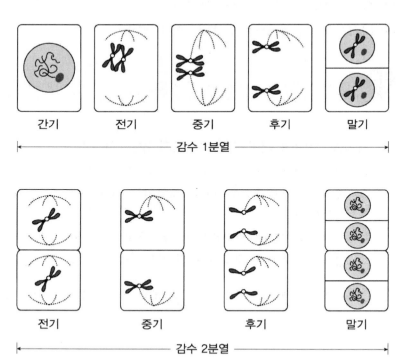

(1) 감수 1분열(2n → n)

전기에 2개의 염색분체를 가진 상동 염색체가 접착하여 이가 염색체로 되고 후기에 이가 염색체의 접착면이 분리(상동 염색체 분리)되므로 염색체 수가 반으로 줄어든다.

(2) 감수 2분열(n → n)

후기에 염색분체는 분리되어 양극으로 이동한다. 이때 체세포 분열과 같이 염색분체가 분리되므로 염색체 수는 변화가 없다.

2️⃣ 감수 분열과 DNA 양의 변화

체세포 분열과 같이 간기의 S기에 DNA를 1회 복제한다. 감수 1분열과 감수 2분열 사이에는 간기가 없어서 DNA 복제가 일어나지 않는다.

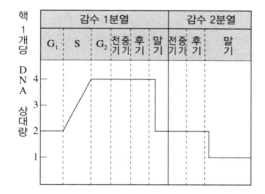

Tip

체세포 분열과 감수 분열의 비교

	체세포 분열	감수 분열
분열 횟수	1회	2회
딸세포의 수	2개	4개
염색체 수 변화	2n → 2n	2n → n
DNA 복제	체세포 분열 전 간기의 S기에 1회	감수 1분열 전 간기의 S기에 1회
상동 염색체의 접합	일어나지 않음	일어나서 이가 염색체 형성
기능	생장 또는 재생	생식세포 형성

❖ 체세포 분열 관찰 : 고정 → 해리 → 염색 → 관찰

(1) 양파 뿌리 끝을 1cm 정도 잘라서 고정액(에탄올 : 아세트산= 3 : 1)에 담근다.
- 세포를 고정액에 담가두면 진행되던 상태 그대로 세포 분열이 멈추게 되어 분열 단계에 있는 염색체를 관찰할 수 있다.

(2) 고정시킨 뿌리 끝을 증류수로 씻은 다음 묽은 염산에 담가 해리시킨다.
- 세포벽을 제거하고 조직을 연하게 하여 세포가 쉽게 분리되도록 하기 위해서이다.

(3) 아세트산카민 용액을 한 방울 떨어뜨린 후 해부침으로 잘게 부순다.
- 아세트산카민 용액은 염색체를 붉은색으로 염색하여 뚜렷하게 관찰할 수 있다.
- 해부침으로 잘게 부수는 이유는 생장점 조직을 찢어 세포를 분리하기 위해서이다.

(4) 덮개 유리의 한쪽 끝을 받침 유리에 대고 천천히 비스듬하게 덮는다.
- 덮개 유리를 천천히 비스듬히 덮어야 받침 유리와 덮개 유리 사이에 기포가 생기지 않는다.

(5) 연필에 달린 고무 등을 이용해서 가볍게 두드린 다음 덮개 유리 위에 거름종이를 얹고 엄지손가락으로 지그시 누른 후 현미경으로 관찰한다.
- 가볍게 두드린 후 덮개 유리를 눌러 주는 것은 세포를 한 층으로 얇게 펴서 세포가 겹쳐 보이는 것을 막기 위해서이다.

(6) 저배율로 관찰한 후 관찰하려는 세포를 찾아서 고배율로 관찰한다.

❖ 감수 분열 관찰

백합의 어린 꽃봉오리 속에서 수술의 꽃밥을 따낸다.
- 활짝 핀 꽃은 감수 분열이 끝나서 꽃가루가 이미 형성된 상태이므로, 감수 분열이 일어나고 있는 세포를 관찰하려면 어린 꽃봉오리 속의 꽃밥을 사용한다.

021 | 유전에 관련된 용어

1 형질과 대립 형질

(1) **형질** : 눈꺼풀, 미맹, 혀 말기, 혈액형 등과 같이 생물에 나타나는 특징

(2) **대립 형질** : 서로 대립 관계에 있는 형질

   예 쌍꺼풀과 외꺼풀, 큰 콩과 작은 콩

2 대립 유전자 : 하나의 형질을 나타내는 2개의 유전자를 말하며 상동 염색체의 상대 위치에 존재한다.

3 우성과 열성 : 상동 염색체 위에 서로 다른 2개의 대립유전자가 있을 때 표현형으로 나타나는 형질을 우성, 표현형으로 나타나지 않는 형질을 열성이라고 한다.

4 동형 접합과 이형 접합

(1) **동형 접합(순종＝Homo)** : 대립 유전자가 같은 유전자형(TT, tt)

(2) **이형 접합(잡종＝Hetero)** : 대립 유전자가 다른 유전자형(Tt)

5 표현형과 유전자형 : 겉으로 나타나는 형질을 표시한 것을 표현형, 형질을 나타내는 유전자를 기호로 표시한 것을 유전자형이라고 한다.

   예 표현형 : 씨의 크기가 크다, 작다.

   유전자형 : TT, Tt, tt

6 자가교배 : 같은 유전자형을 가진 개체 간의 교배(Tt X Tt)

7 검정교배 : 열성 유전자를 가진 개체와 교배(TT X tt 또는 Tt X tt)

022 | 멘델의 우열의 원리와 분리의 법칙

1 단성 잡종과 양성 잡종

(1) 단성 잡종 : Aa   → 생식세포 : A, a

(2) 양성 잡종 : AaBb   → 생식세포 : AB, Ab, aB, ab

(3) 삼성 잡종 : AaBbCc   → 생식세포 : ABC, AbC, aBC, abC
                                      ABc, Abc, aBc, abc

2 우열의 원리

우성 순종과 열성 순종을 교배하면 우성의 형질이 나타난다.

쌍을 이룬 유전자가 서로 다를 경우 그 중에 한 가지 유전인자가 다른 유전인자를 억제하여 하나의 유전인자만 표현되며, 나머지 유전인자는 표현되지 않는다.

$$P \cdots\cdots \quad TT \times tt$$
$$\downarrow$$
$$F_1 \cdots\cdots \quad Tt$$

3 분리의 법칙(멘델의 제1법칙)

유전자는 생식세포를 형성할 때 분리되어 각각 다른 생식세포로 나뉘어 들어가며 수정을 통해 다시 쌍을 이룬다.

$$F_1 \cdots\cdots \qquad\qquad Tt \times Tt$$

$$F_2 \cdots\cdots \quad TT \qquad Tt \qquad Tt \qquad tt$$
큰 완두　큰 완두　큰 완두　작은 완두

잡종 제1대의 큰 완두를 자가 교배시키면 대립 유전자 T와 t가 분리되어 생식세포로 들어가고 수정에 의해 다시 만나기 때문에 큰 완두 : 작은 완두가 3 : 1로 나온다.

표현형의 비	큰 완두 : 작은 완두 = 3 : 1
유전자형의 비	TT : Tt : tt = 1 : 2 : 1

확인 콕콕콕!

1. 다음의 교배 결과 동형접합체와 이형접합체 자손 수의 비가 1 : 1 로 나올 수 있는 경우를 모두 고르시오.
   ㄱ. RR × Rr
   ㄴ. Rr × Rr
   ㄷ. rr × Rr

01 부모 세대에서 순종의 둥근 완두와 주름진 완두를 교배했을 때 자손 제1대에서 모두 둥근 완두가 나왔다. 자손 제1대의 둥근 완두의 형질을 결정하는 유전자를 염색체 상에 나타낸 것으로 옳은 것은? (단, 둥근 유전자는 R, 주름진 유전자는 r로 표시한다.)

①  ②

③   ④

> **해설** 순종의 둥근 완두(RR)와 주름진 완두(rr)를 교배하면 자손 제1대에서 나온 둥근 완두의 유전자는 Rr이 되며, 유전자 R과 r은 대립 유전자이므로 하나의 염색체 위에 존재해서는 안 되고 상동 염색체의 상대 위치에 존재해야 한다.
>
> 정답 ②

02 순종의 큰 완두와 순종의 작은 완두를 교배시켜 얻은 F_1은 모두 큰 완두가 나왔다. 이 F_1을 자가교배시켜 F_2를 얻었다. 이에 대한 설명으로 옳지 않은 것은? (단, 큰 완두의 대립 유전자를 T, 작은 완두의 대립 유전자를 t로 표시한다.)

① 큰 완두가 우성 형질이고 작은 완두가 열성 형질이다.
② F_1에서 나온 큰 완두의 유전자형은 Tt이다.
③ F_2에서 작은 완두는 전체의 1/4이다.
④ F_2에서 표현형의 분리 비와 유전자형의 분리 비는 같다.

> **해설** F_2에서 표현형의 분리 비는 3 : 1이고 유전자형의 분리 비는 1 : 2 : 1이다.
>
> 정답 ④

😀 1. ㄱ, ㄴ, ㄷ

✎확인 콕콕콕!

1. T와 R, t와 r이 독립되어 있을 때 TtRr × ttRr의 결과 생기는 자손의 비는?
2. A와 B, a와 b가 독립되어 있을 때 AaBb의 자가교배 결과 생기는 자손의 비는?
3. 독립유전에서 사성잡종인 AaBbCcDd를 자가교배 한 결과 AaBBCcDd의 유전자형을 갖는 자손이 나올 확률은?

독립의 법칙(멘델의 제2법칙)

서로 다른 두 가지 형질의 유전에서 각 형질에 대한 대립 유전자는 서로 독립적으로 우열 및 분리의 법칙에 따른다.

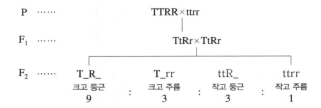

서로 다른 유전자가 각각 다른 염색체에 위치하여 독립되어 있을 경우에는 한 쌍의 대립 유전자는 다른 대립 유전자와 관계없이 독립적으로 분리된다. T와 R이 독립되어 있을 경우는 다음과 같다.

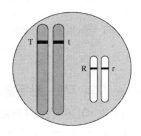

(1) TtRr에서 만들어지는 생식세포의 종류 → TR, Tr, tR, tr
(2) TtRr의 자가교배 결과 생긴 자손의 비
    → [TR] : [Tr] : [tR] : [tr] = 9 : 3 : 3 : 1

❖ T_R_ : T_rr : ttR_ : ttrr = 9 : 3 : 3 : 1이라고 해야 하지만 이 책에서는 간단하게 줄여서
[TR] : [Tr] : [tR] : [tr] = 9 : 3 : 3 : 1로 쓰기로 한다.

❻ 1. T_R_ : T_rr : ttR_ : ttrr
   = 3 : 1 : 3 : 1
   또는 TR : Tr : tR : tr
   = 3 : 1 : 3 : 1

	tR	tr
TR	TtRR	TtRr
Tr	TtRr	Ttrr
tR	ttRR	ttRr
tr	ttRr	ttrr

2. AB : Ab : aB : ab
   = 9 : 3 : 3 : 1
3. 1/64

	TR	Tr	tR	tr
TR	TTRR	TTRr	TtRR	TtRr
Tr	TTRr	TTrr	TtRr	Ttrr
tR	TtRR	TtRr	ttRR	ttRr
tr	TtRr	Ttrr	ttRr	ttrr

순종의 크고 둥근 완두(TTRR)와 작고 주름진 완두(ttrr)를 교배할 경우 이들의 수정에 의해 얻은 잡종 제1대는 모두 크고 둥근 완두(TtRr)가 된다. 이것은 큰 완두가 작은 완두에 대해 우성이고, 둥근 모양이 주름진 모양에 대해 우성이기 때문이다. 즉, 서로 독립적으로 우열의 원리를 따르기 때문이다.

잡종 제1대를 자가교배시키면 잡종 제2대에서는 크고 둥근 완두 : 크고 주름진 완두 : 작고 둥근 완두 : 작고 주름진 완두가 약 9 : 3 : 3 : 1로 나타난다. 이 결과를 완두의 크기와 모양에 따라 구분해 보면 큰 완두와 작은 완두가 3 : 1, 둥근 모양과 주름진 모양이 3 : 1의 비율로 나타난다. 이것은 한 가지 대립 형질이 유전될 때와 마찬가지로 서로 독립적으로 분리의 법칙이 적용되기 때문이다.

(3) TtRr의 검정교배 결과 생긴 자손의 비

→ [TR] : [Tr] : [tR] : [tr] = 1 : 1 : 1 : 1

	tr
TR	TtRr
Tr	Ttrr
tR	ttRr
tr	ttrr

❖ 검정교배는 열성을 교배하는 것이므로 검정교배 결과 생긴 자손의 비는 어버이의 생식세포의 비와 같다.

01 멘델 독립의 법칙에 대한 설명 중 잘못된 설명은?

① 서로 다른 형질을 나타내는 유전자가 각각 다른 염색체 상에 있을 때 성립된다.
② 각각의 다른 대립 형질은 서로 간섭하지 않는다.
③ 양성 잡종의 자가교배 결과 분리의 비는 9:3:3:1이 된다.
④ 서로 다른 형질을 나타내는 유전자가 같은 염색체 상에 있을 때도 성립된다.

해설 서로 다른 형질을 나타내는 유전자가 같은 염색체 상에 있으면 독립의 법칙이 성립되지 않는다. **정답** ④

1. 유전자가 독립되어 있을 때 ttRr에서 만들어지는 생식세포의 종류는?
2. 유전자가 독립되어 있을 때 ttRr을 검정교배시킨 결과 생기는 자손의 비는?

정답 1. tR, tr
2. 1:1

Ⅱ. 생식과 유전 **51**

확인 콕콕콕!

1. A와 B, a와 b가 연관되어 있을 때 AaBb의 자가교배 결과 생기는 자손의 비는?
2. A와 B, a와 b가 연관되어 있을 때 AaBb의 검정교배 결과 생기는 자손의 비는?

동일한 염색체 위에 2개 이상의 유전자가 있어서 언제나 행동을 같이 하는 현상

1 **상인 연관** : 서로 다른 형질을 나타내는 각각의 대립 유전자가 우성 유전자끼리 또는 열성 유전자끼리 연관되어 있는 경우로 T와 R이 연관되어 있을 경우는 다음과 같다.

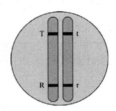

(1) **TtRr에서 만들어지는 생식세포의 종류** → TR, tr

(2) **TtRr의 자가교배 결과 생긴 자손의 비**

→ [TR] : [Tr] : [tR] : [tr] = 3 : 0 : 0 : 1

	TR	tr
TR	TTRR	TtRr
tr	TtRr	ttrr

(3) **TtRr의 검정교배 결과 생긴 자손의 비**

→ [TR] : [Tr] : [tR] : [tr] = 1 : 0 : 0 : 1

	tr
TR	TtRr
tr	ttrr

❻ 1. AB : Ab : aB : ab
= 3 : 0 : 0 : 1
2. AB : Ab : aB : ab
= 1 : 0 : 0 : 1

2 **상반 연관**: 서로 다른 형질을 나타내는 각각의 대립 유전자 중 우성 유전자와 열성 유전자가 연관되어 있는 경우로 T와 r이 연관되어 있을 경우는 다음과 같다.

확인 콕콕콕!

1. A와 b, a와 B가 연관되어 있을 때 AaBb의 자가교배 결과 생기는 자손의 비는?
2. A와 b, a와 B가 연관되어 있을 때 AaBb의 검정교배 결과 생기는 자손의 비는?

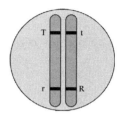

(1) TtRr에서 만들어지는 생식세포의 종류 → Tr, tR

(2) TtRr의 자가교배 결과 생긴 자손의 비

→[TR] : [Tr] : [tR] : [tr] = 2 : 1 : 1 : 0

	Tr	tR
Tr	TTrr	TtRr
tR	TtRr	ttRR

(3) TtRr의 검정교배 결과 생긴 자손의 비

→ [TR] : [Tr] : [tR] : [tr] = 0 : 1 : 1 : 0

	tr
Tr	Ttrr
tR	ttRr

Tip

	독립 유전	상인 연관	상반 연관
생식세포의 종류	TR, Tr, tR, tr	TR, tr	Tr, tR
자가교배 결과 생긴 자손의 비	[TR]:[Tr]:[tR]:[tr] = 9 : 3 : 3 : 1	[TR]:[Tr]:[tR]:[tr] = 3 : 0 : 0 : 1	[TR]:[Tr]:[tR]:[tr] = 2 : 1 : 1 : 0
검정교배 결과 생긴 자손의 비	[TR]:[Tr]:[tR]:[tr] = 1 : 1 : 1 : 1	[TR]:[Tr]:[tR]:[tr] = 1 : 0 : 0 : 1	[TR]:[Tr]:[tR]:[tr] = 0 : 1 : 1 : 0

8 1. AB : Ab : aB : ab
= 2 : 1 : 1 : 0
2. AB : Ab : aB : ab
= 0 : 1 : 1 : 0

025 | 교 차

1 교차 : 연관된 유전자의 일부가 서로 바뀌는 현상

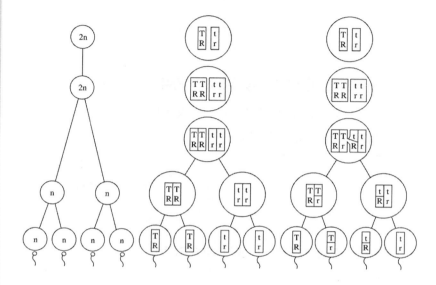

2 교차의 예

(1) T와 R, t와 r이 연관되어 있을 때, TtRr에서 만들어지는 생식
세포의 종류와 비

① 교차율이 0%일 때(완전 연관)

$$\text{[생식세포의 비]} \xrightarrow{\text{자가교배}} \text{[자손의 비]}$$
$$\rightarrow \text{TR} : \text{Tr} : \text{tR} : \text{tr} = 1:0:0:1 \xrightarrow{} 3:0:0:1$$

② 교차율이 50%일 때(독립 유전)

$$\text{[생식세포의 비]} \xrightarrow{\text{자가교배}} \text{[자손의 비]}$$
$$\rightarrow \text{TR} : \text{Tr} : \text{tR} : \text{tr} = 1:1:1:1 \xrightarrow{} 9:3:3:1$$

③ 교차율이 20%일 때

[생식세포의 비] ─ 자가교배 → [자손의 비]

→ TR : Tr : tR : tr = 4 : 1 : 1 : 4 ────자가교배───→ 66 : 9 : 9 : 16

④ 교차율이 25%일 때

[생식세포의 비] ─ 자가교배 → [자손의 비]

→ TR : Tr : tR : tr = 3 : 1 : 1 : 3 ────자가교배───→ 41 : 7 : 7 : 9

(2) T와 r, t와 R이 연관되어 있을 때, TtRr에서 만들어지는 생식세포의 종류와 비

① 교차율이 20%일 때 → TR : Tr : tR : tr = 1 : 4 : 4 : 1
② 교차율이 25%일 때 → TR : Tr : tR : tr = 1 : 3 : 3 : 1

3 교차율

$$교차율 = \frac{교차된\ 생식세포의\ 수}{F_1의\ 생식세포의\ 총수} \times 100(\%)$$

교차율의 범위는 0% < 교차율 < 50%로, 교차율 0%는 완전 연관 유전, 50%는 독립 유전을 의미한다.

01 T와 R, t와 r이 연관되어 있고 암수 모두 20% 교차가 일어났을 때 TtRr×TtRr의 교배 결과 나온 자손의 비는?

해설 20% 교차가 일어났을 때 TtRr에서 만들어지는 생식세포의 비는 암수 모두 4 : 1 : 1 : 4가 되므로 TtRr×TtRr의 교배 결과 나온 자손의 비는 66 : 9 : 9 : 16이 된다.

	4 TR	1 Tr	1 tR	4 tr
4 TR	16 TTRR	4 TTRr	4 TtRR	16 TtRr
1 Tr	4 TTRr	1 TTrr	1 TtRr	4 Ttrr
1 tR	4 TtRR	1 TtRr	1 ttRR	4 ttRr
4 tr	16 TtRr	4 Ttrr	4 ttRr	16 ttrr

정답 66 : 9 : 9 : 16

용어 해설

• 미맹 : 정상인이 느낄 수 있는 맛을 전혀 느끼지 못하거나, 다른 맛으로 느끼는 사람
• 단지증 : 짧은 손가락과 발가락을 특징으로 하는 유전병

사람의 상염색체 유전

(1) **미맹 유전** : 정상보다 열성으로 유전된다.

　　• 열성 유전 : 정상 > 미맹

　　정상 유전자를 A, 미맹 유전자를 a라 할 경우 다음과 같이 나타낸다.

• 정상 : AA, Aa	• 미맹 : aa

(2) **단지증 유전** : 정상보다 우성으로 유전된다.

　　• 우성 유전 : 정상 < 단지증

　　정상 유전자를 b, 단지증 유전자를 B라 할 경우 다음과 같이 나타낸다.

• 정상 : bb	• 단지증 : BB, Bb

(3) **혀 말기 유전** : 혀를 말 수 있는 사람 > 혀를 말 수 없는 사람

　　혀를 U자형으로 말 수 있는 유전자를 R, 말 수 없는 유전자를 r이라 할 경우

• 말 수 있는 사람 : RR, Rr	• 말 수 없는 사람 : rr

01 미맹은 정상보다 열성으로 유전한다. 다음 중 미맹이 나올
확률이 1/2인 것은?

① AA×Aa　　　　　　② aa×aa

③ Aa×Aa　　　　　　④ Aa×aa

> **해설** Aa×aa에서 나온 자손은 Aa, Aa, aa, aa이다.　　　　**정답** ④

02 다음의 가계도 Ⅰ(1~6)은 AA, Aa, aa를 사용하여 유전자형
을 표기하고 가계도Ⅱ(7~12)는 BB, Bb, bb를 사용하여
유전자형을 표기하시오.

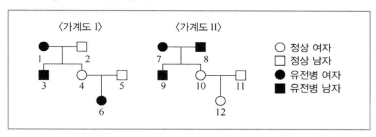

> **해설** [가계도 Ⅰ] 우성 형질끼리 교배하면 자손은 우성과 열성이 모두 나오지만, 열성
> 형질끼리 교배하면 자손은 열성만 나온다. 정상 여자 4와 정상 남자 5 사이에
> 서 유전병 6이 나왔으므로 정상이 우성이고 유전병이 열성 형질이다(열성 유
> 전). 우성 형질끼리 교배해서 열성인 자손이 나오면 양친은 모두 이형 접합이
> 어야 한다. 따라서 정상 유전자를 A, 유전병 유전자를 a라 하면 4와 5는 Aa이
> 고 6은 aa가 된다. 1과 3이 aa이므로 2는 Aa가 되어야 한다.
> [가계도 Ⅱ] 유전병 여자 7과 유전병 남자 8 사이에서 정상 10이 나왔으므로 정
> 상이 열성이고 유전병이 우성 형질이다(우성 유전). 따라서 정상 유전자를 b,
> 유전병 유전자를 B라 하면 7과 8은 Bb이고 10은 bb가 된다. 11과 12도 bb이
> 고 9는 BB이거나 Bb가 된다.

(4) Rh 혈액형 유전 : Rh⁺ > Rh⁻

Rh⁺ 유전자를 D, Rh⁻ 유전자를 d라 할 경우

> • Rh⁺ : DD, Dd   • Rh⁻ : dd

(5) ABO식 혈액형 유전 : 한 가지 유전 형질이 발현되는 데 대립 유전자가 우성과 열성 2가지로 되어 있지 않고 3개 이상의 대립 유전자가 관여하는 유전 현상을 복대립 유전이라고 한다. ABO식 혈액형은 A, B, O 3개의 대립 유전자에 의해 형질이 결정되며, 표현형은 한 쌍의 대립 유전자에 의해 결정된다.

① **우열 관계** : 유전자 A와 B 사이에는 우열 관계가 없지만, A와 B 유전자는 모두 O에 대해 우성이다(A=B>O).

② **표현형과 유전자형** : 표현형이 A형인 사람은 유전자형이 AA나 AO이고, 표현형이 B형인 사람은 유전자형이 BB나 BO이며, 표현형이 AB형인 사람은 유전자형이 AB, 표현형이 O형인 사람은 유전자형이 OO이다.

표현형(4종류)	A형, B형, AB형, O형
유전자형(6종류)	AA, AO, BB, BO, AB, OO

혈액형별 성격
(기본적으로 이렇다지만 사람에 따라 다른 경우가 많습니다)

• A형은 대체로 부드럽고 온화한 분위기를 가지고 있다. 되도록 남에게 피해를 주려 들지 않고 어떤 일이든 완벽하게 되지 않으면 직성이 풀리지 않는 편이며, 책임감도 강해서 한 번 약속한 것은 반드시 지키는 타입이다.

• B형은 싹싹하고 애교가 있는 사람이 많고 호기심이 강하며 유머 감각도 있어서 친구들과 잘 어울려서 이야기를 재미있게 잘한다. 또한 확실한 자기 생각을 갖고 있으며 시원스럽고 항상 적극적인 타입이다.

• O형은 매우 지기 싫어하는 성격이고 일단 목표를 정하면 해내고 마는 타입이다. 활발하고 너그러워서 사람들이 잘 따르며, 설득력도 있다. 정열적이고 감각파인 반면 노력가가 많으므로 열심히 노력만 한다면 뜻하는 바를 이룰 수 있다.

• AB형은 우선 머리가 좋고 이성적이어서 자기 생각을 논리적으로 표현할 수 있으며, 관찰력이 우수하고 유머 감각이나 미적 감각도 풍부하다. 매우 친절하여 남을 도와주기를 좋아하므로 부탁을 받으면 하기 싫은 일도 들어주는 타입이다.

03 그림은 선천성 유전병의 가계도이다. 이 가계도에서 유전자
형을 예측하기 어려운 사람을 모두 고른 것은?

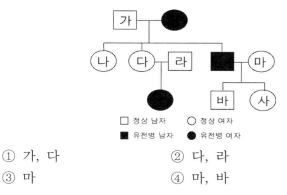

□ 정상 남자   ○ 정상 여자
■ 유전병 남자   ● 유전병 여자

① 가, 다   ② 다, 라
③ 마   ④ 마, 바

해설 정상으로 표현되는 (다)와 (라) 사이에서 유전병인 자녀가 생겼으므로 유전병은
열성이다. 따라서 정상으로 표현된 사람은 (마)를 제외하고 모두 Aa이며 (마)는
AA이거나 Aa가 될 수 있다.   정답 ③

04 그림 (가)는 선천성 귀머거리 형질에 대한 가계도이고 (나)는
다지증 형질에 대한 가계도이다. 이에 대한 설명으로 옳지 않
은 것은?

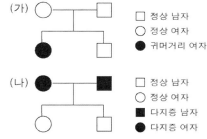

(가)   □ 정상 남자
        ○ 정상 여자
        ● 귀머거리 여자

(나)   □ 정상 남자
        ○ 정상 여자
        ■ 다지증 남자
        ● 다지증 여자

① 선천성 귀머거리는 열성 형질이다.
② (가)에서 부모는 둘 다 귀머거리 유전자를 가지고 있다.
③ (나)에서 부모는 둘 다 정상 유전자를 가지고 있다.
④ (나)에서 정상 유전자가 한 개만 있으면 손가락 수가 정
상이다.

해설 (나)에서는 다지증 부모 사이에서 정상인 자녀가 생겼으므로 정상은 열성이다.
따라서 (나)에서 정상인 사람(aa)은 정상 유전자를 두 개 가지고 있어야 한다.
    정답 ④

027 | 성염색체 유전

X 염색체 위에 있는 X 연관 유전과 Y 염색체 위에 있는 Y 연관 유전이 있다.

1 **X 연관 유전** : 유전자가 X 염색체 위에 있어서 남녀에 따라 다르게 나타난다(반성유전).

(1) **색맹 유전** : 유전자가 X 염색체 위에 있으며 정상보다 열성으로 유전된다(정상 > 색맹).
정상 유전자를 X, 색맹 유전자를 X^0라고 할 경우, 유전자형과 표현형은 다음과 같다.

> • XX : 정상 여자
> • X^0X : 정상 여자(보인자)
> • X^0X^0 : 색맹 여자
> • XY : 정상 남자
> • X^0Y : 색맹 남자

(2) **혈우병 유전** : 혈액 응고 인자가 결핍되어 상처가 났을 때 혈액이 응고되지 않는 유전병으로 유전자가 X 염색체 위에 있으며 정상보다 열성으로 유전된다(정상 > 혈우병).
정상 유전자를 X, 혈우병 유전자를 X^0라고 할 경우, 유전자형과 표현형은 다음과 같다.

> • XX : 정상 여자
> • X^0X : 정상 여자(보인자)
> • X^0X^0 : 혈우병 여자 → 치사(혈우병인 여성은 태어나지 않는다)
> • XY : 정상 남자
> • X^0Y : 혈우병 남자

(3) **초파리의 흰 눈 유전** : 유전자가 X 염색체 위에 있으며 붉은 눈보다 열성으로 유전된다(붉은 눈 > 흰 눈).

> • XX : 붉은 눈♀
> • X^0X : 붉은 눈♀
> • X^0X^0 : 흰 눈♀
> • XY : 붉은 눈♂
> • X^0Y : 흰 눈♂

01 어머니는 보인자이고, 아버지는 색맹일 때 다음의 확률을 구하라.

① 색맹인 아들이 태어날 확률은?
② 아들이 색맹일 확률은?

해설 $X^A X$와 $X^A Y$ 사이에서 태어나는 자녀는 $X^A X^A$, $X^A Y$, $X^A X$, XY이다.
① 자녀 중(4명) 색맹인 아들(1명)이므로 1/4
② 아들 중(2명) 색맹(1명)이므로 1/2

02 색맹 유전 가계도 분석

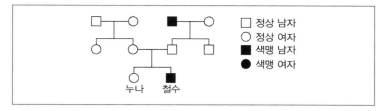

해설 색맹 유전은 열성으로 유전되는 X 연관 유전이다. 철수($X^0 Y$)의 Y 유전자는 부계에서 왔으므로 X^0 유전자는 외할머니($X^A X^0$)에서 어머니($X^A X^0$)를 거쳐서 철수에게 내려온 것이다.

03 그림은 어떤 유전병에 대한 가계도이다. 이 유전병이 X 연관 유전이 아님을 확인할 수 있는 증거는 (   )가 태어난 것으로 확인할 수 있으며 이 유전병은 정상보다 (   )으로 유전한다.

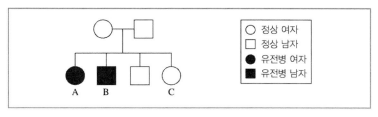

해설 정상인 아버지(XY)에서 색맹인 딸A($X^A X^0$)는 태어날 수 없으므로 X 연관 유전이 아니다. 또, 정상인 부모 사이에서 유전병인 자녀가 태어났으므로 이 유전병은 정상보다 열성으로 유전된다. 　　　정답 A, 열성

② **Y 연관 유전** : 유전자가 Y 염색체 위에 있어서 남자에게만 나타난다(귓속 털 과다증).

확인 콕콕콕! ─────

1. 그림은 어떤 집안의 색맹 유전에 대한 가계도이다. 11이 갖는 색맹 유전자는 (   )이 갖고 있는 색맹 유전자가 (   )를 거쳐 11에게 전달된 것이다.

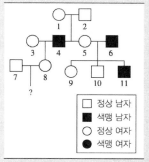

2. 초파리 눈 색을 나타내는 유전자는 X 염색체 위에 있으며 붉은 눈은 우성이고, 흰 눈은 열성이다. 붉은 눈 수컷과 흰 눈 암컷을 교배했을 때 나타나는 자손 중 암컷의 눈 색깔은 모두 (   )눈이고, 수컷의 눈 색깔은 모두 (   )눈이다.

개정된 용어

• 겸형 적혈구빈혈증
→ 낫모양 적혈구빈혈증

확인 콕콕콕!

1. 돌연변이는 (   ) 이상과 (   ) 이상으로 나타나며 자손에게 유전된다.
2. 백색증(알비노)과 낫모양 적혈구 빈혈증은 (   ) 돌연변이이다.

돌연변이에는 유전자 이상과 염색체 이상에 의한 돌연변이가 있으며 자손에게 유전된다.

1 유전자 돌연변이

DNA에 이상이 생겨 잘못된 유전 정보에 의해 새로운 단백질이 합성되면 양친에 없었던 유전 형질이 발현되는 돌연변이다.

(1) **백색증(알비노)** : 멜라닌 색소를 만드는 유전자가 돌연변이를 일으켜 색소 생성 능력이 없어져서 피부나 머리카락 색 등이 백색으로 되는 유전병이다.

(2) **낫모양 적혈구빈혈증** : 산소를 운반하는 적혈구 헤모글로빈 분자 사슬의 6번째 아미노산인 글루탐산이 발린으로 바뀌어 일어나는 유전자 돌연변이다. 적혈구의 모양이 낫처럼 변하여 산소의 운반 능력이 떨어져 빈혈을 일으킨다.

(3) **페닐케톤뇨증** : 아미노산의 일종인 페닐알라닌을 타이로신으로 전환시키는 효소를 생성하는 유전자의 이상으로 세포 내에 페닐알라닌이 축적되어 중추 신경계를 손상시키고 일부가 검은색의 오줌으로 나오게 된다.

(4) **헌팅턴 무도병** : 신경계의 퇴행성 질환으로 성인이 될 때까지 별다른 표현형적 효과를 보이지 않는 치사 우성 대립 유전병이다. 신경계의 퇴행이 시작되면 치매 증상이 나타나며 결국 죽음에 이르게 된다.

(5) **낭포성 섬유증** : 상피세포의 세포막에서 물질수송을 담당하는 유전자에 돌연변이가 생겨 점액의 점성을 조절하지 못하는 유전병으로 폐, 간, 이자 등에서 과도한 점액이 분비되고 기관의 상피 조직에 점액질이 축적되기 때문에 숨을 쉬기가 어렵고 감염이 자주 일어난다.

⑧ 1. 유전자, 염색체
2. 유전자

2 염색체 돌연변이

염색체의 구조 변화나 염색체 숫자에 이상이 생겨서 나타나는 돌연변이로, 핵형 분석을 통해서 찾아낼 수 있다.

(1) 구조 이상

① 결실 : 염색체의 일부가 없어진 경우

> 예 고양이 울음 증후군 : 5번 염색체의 일부가 결실되어 후두 발육이 불완전해지기 때문에 고양이 울음소리를 내며 심한 지적 장애 증상도 함께 나타난다.

② 중복 : 염색체의 동일한 부분이 중복된 경우

③ 역위 : 염색체의 일부가 잘려서 거꾸로 붙는 경우

④ 전좌 : 염색체의 일부가 잘려서 다른 염색체에 붙는 경우

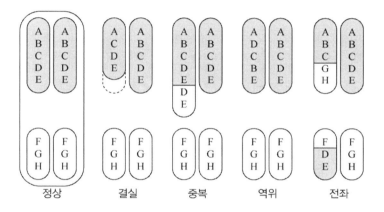

(2) **숫자 이상** : 염색체의 수가 정상보다 많거나 적은 것

유전 질환	염색체 구성	특징
다운 증후군	남자＝45＋XY＝47 여자＝45＋XX＝47	• 21번째 염색체 1개 과다 • 정신지체, 심장기형, 양 눈 사이가 멀다.
클라인펠터 증후군	44＋XXY＝47	• X 염색체 1개 과다 • 외관상 남자이고, 가슴이 발달하며 불임
터너 증후군	44＋X＝45	• X 염색체 1개 부족 • 외관상 여자이고, 키가 작으며 불임

개정된 용어

• 묘성 증후군 → 고양이 울음 증후군

확인 콕콕콕!

1. 염색체 구조 이상에는 (　), (　), (　), (　)가 있다.
2. 고양이 울음 증후군(묘성 증후군)은 염색체의 일부가 (　)되어 나타난다.
3. 염색체 숫자 이상으로 나타나는 돌연변이에 의한 유전병에는 (　), (　), (　)이 있다.

❻ 1. 결실, 중복, 역위, 전좌
　 2. 결실
　 3. 다운 증후군, 클라인펠터 증후군, 터너 증후군

THEME
029 | 동물의 조직과 기관

1 동물의 구성 체계

세포 → 조직 → 기관 → 기관계 → 개체

2 동물의 조직 : 같은 구조와 기능을 갖는 세포들의 그룹으로 상피 조직, 결합 조직, 근육 조직, 신경 조직 이렇게 4개의 조직으로 분류한다.

(1) **상피 조직** : 동물체의 표면이나 내장 기관의 안쪽 벽을 덮고 있는 조직

> 예 피부의 표피, 소장의 내벽이나 호흡기 점막, 침샘, 갑상샘

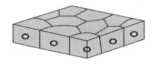 

(2) **결합 조직** : 조직이나 기관 사이의 틈을 메우거나 이들을 결합시켜 몸을 지탱하게 하는 조직

> 예 혈액, 지방조직, 힘줄(근육을 뼈에 결합), 인대(뼈와 뼈들을 서로 결합), 뼈

(3) **근육 조직**

① 골격근(횡문근 = 가로무늬근 : 수의근) : 뼈에 부착되어 있는 근육으로 수의 운동(의지대로 할 수 있는 운동)을 일으킨다.

② 내장근(평활근 = 민무늬근 : 불수의근) : 내장 기관들의 벽에서 볼 수 있으며 불수의 운동(의지대로 할 수 없는 운동)에 관여한다.

(4) **신경 조직** : 뉴런과 같은 신경세포들이 모여서 이루어진 조직으로 자극을 다른 세포로 전달하는 작용을 한다.

3 **동물의 기관과 기관계** : 서로 다른 조직이 모여 특수한 기능을 수행하도록 통합된 것을 기관이라 하며, 수행하는 기능이 유사한 기관을 묶어서 기관계라고 한다.

(1) **소화계** : 입, 식도, 위, 간, 소장, 이자(췌장), 대장, 항문

(2) **순환계** : 심장, 혈관

(3) **호흡계** : 후두, 기관, 기관지, 폐

(4) **배설계** : 콩팥, 오줌관, 방광, 요도

(5) **내분비계** : 뇌하수체, 갑상샘 등 호르몬 분비샘들

(6) **생식계** : 정소, 난소

(7) **신경계** : 뇌, 척수

개념확인

01 그림 (가)~(라)는 동물의 네 가지 조직을 구성하는 세포를 나타낸 것이다. 이에 대한 설명으로 옳지 않은 것은?

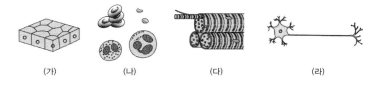

(가)　　　(나)　　　(다)　　　(라)

① (가)는 동물의 표면이나 내장 기관의 안쪽 벽을 덮고 있다.
② (나)는 조직이나 기관 사이의 틈을 메우고 있는 결합 조직이다.
③ (다)는 동물의 근육이나 내장에서 관찰되는 조직이다.
④ (라)는 몸을 구조적으로 지지해준다.

해설 (라)는 자극을 전달하는 신경 조직을 구성하는 뉴런이다.
몸을 구조적으로 지지해주는 것은 결합 조직이다.　　　**정답** ④

개정된 용어

• 아밀라아제 → 아밀레이스
• 말타아제 → 말테이스
• 락타아제 → 락테이스
• 수크라아제 → 수크레이스
• 펩티다아제 → 펩티데이스
• 리파아제 → 라이페이스

확인 콕콕콕!

1. 주영양소에는 (　,　.　)이
   있다.
2. 인체를 구성하는 3대 영양소 중
   구성 비율이 가장 높은 것은
   (　)이다.
3. H_2CO_3, HCO_3^- 등을 제외한 C와
   H를 포함하는 탄소화합물(탄수
   화물, 지방, 단백질, 비타민, 핵산
   등)을 (　)이라 한다.
4. 인체 구성 물질은 (　)>(　)>
   (　)>(　)>(　) 순으로 구
   성되어 있다.

1 영양소

(1) **주영양소(탄수화물, 지방, 단백질)** : 에너지원

① 탄수화물 : 1g당 약 4kcal의 에너지가 방출

② 지방 : 1g당 약 9kcal의 에너지가 방출

③ 단백질 : 1g당 약 4kcal의 에너지가 방출

(2) **부영양소(물, 무기염류, 비타민)** : 에너지원은 아니고 생리적
기능 조절

① 물 : 몸을 구성하는 주요 성분(약 66% 차지)

② 무기염류 : 칼슘(Ca), 칼륨(K), 나트륨(Na), 철(Fe), 황(S),
마그네슘(Mg), 아이오딘(I), 구리(Cu), 염소(Cl) 등

③ 비타민
• 지용성 비타민 : 비타민 A, D, E, K
• 수용성 비타민 : 비타민 B군, C

2 영양소의 분해효소

(1) **탄수화물 분해효소**

① 아밀레이스 : 녹말 → 엿당

② 말테이스 : 엿당 → 포도당＋포도당

③ 락테이스 : 젖당 → 포도당＋갈락토스

④ 수크레이스 : 설탕 → 포도당＋과당

(2) **단백질 분해효소**

① 펩신, 트립신 : 단백질 → 폴리펩타이드

② 펩티데이스 : 폴리펩타이드 → 아미노산

(3) **지방 분해효소**

• 라이페이스 : 지방 → 지방산＋모노글리세리드

3 인체의 구성 물질 : 물 > 단백질 > 지질 > 무기염류 > 탄수화물

❻ 1. 탄수화물, 지방, 단백질
2. 단백질
3. 유기물
4. 물, 단백질, 지질,
　무기염류, 탄수화물

031 | 소 화

소화 장소	pH	소화액	소화효소
입	pH=7	침	아밀레이스
위	pH=2	위액	펩신
소장	pH=8	이자액	아밀레이스, 트립신, 라이페이스
		쓸개즙	간에서 만들어져서 쓸개에 저장되었다가 십이지장으로 분비된다. 소화효소는 없고 지방의 소화를 돕는다.
		장 효소	말테이스, 락테이스, 수크레이스, 펩티데이스

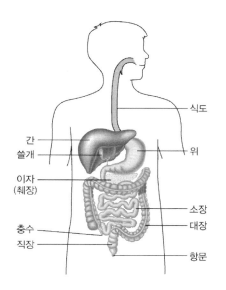

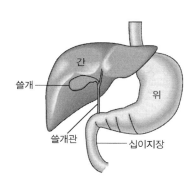

지방 덩어리 → 쓸개즙(유화) → 유화된 지방 → 라이페이스(분해) → 지방산 모노글리세리드

〈쓸개즙의 작용〉

용어 해설

- 소장 : 길이 약 7m 정도의 긴 관 모양으로 십이지장, 공장, 회장으로 구성된다.
- 십이지장 : 소장이 시작되는 첫부위로 약 30cm 정도까지의 부위
- 대장 : 길이가 약 1.5m 정도의 관 모양으로 맹장, 결장, 직장으로 구성된다.
- 맹장 : 대장이 시작되는 첫 부위
- 충수 : 맹장의 약간 아래 끝에 늘어진 가느다란 돌기
- 유화 : 큰 덩어리를 작은 낱알로 분산시켜 젖 모양의 액체로 만드는 것
- 이자(=췌장) : 위의 뒤쪽에 위치하고 있으며, 소화효소와 호르몬을 분비하는 장기이다.

확인 콕콕콕!

1. 녹말은 침에 있는 소화효소인 (   )에 의해 (   )으로 분해된다.
2. 펩신은 단백질을 (   )로 분해한다.
3. 이자액의 (   )은 단백질을 폴리펩타이드로 분해하고 (   )는 지방을 지방산과 (   )로 분해한다.
4. 장 효소의 (   )는 엿당을 포도당으로 분해하고, (   )는 폴리펩타이드를 아미노산으로 분해한다.

🅐 1. 아밀레이스, 엿당
2. 폴리펩타이드
3. 트립신, 라이페이스, 모노글리세리드
4. 말테이스, 펩티데이스

1 흡수 장소 : 소장의 융털 돌기

소장의 안쪽 벽에는 많은 주름이 있고, 이 주름에는 수많은 융털이 나 있어서 흡수 표면적을 넓게 한다.

2 흡수 원리 : 확산(에너지를 이용하지 않고 이동)과 능동수송 (ATP 에너지 이용)

3 융털 돌기의 단면도

융털 내부의 중앙에는 림프관의 일종인 암죽관이 있으며 이 암죽관 주위를 모세혈관이 둘러싸고 있다.

4 양분의 흡수

(1) **수용성 양분** : 단당류, 아미노산, 무기염류, 수용성 비타민(B, C) 등은 융털에 흡수된 후 모세혈관으로 이동한다.

(2) **지용성 양분** : 지방산, 모노글리세리드, 지용성 비타민(A, D, E, K) 등은 융털에 흡수된 후 암죽관으로 이동한다.

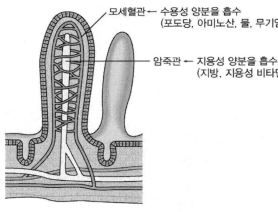

모세혈관 ← 수용성 양분을 흡수
(포도당, 아미노산, 물, 무기염류, 수용성 비타민)

암죽관 ← 지용성 양분을 흡수
(지방, 지용성 비타민)

〈융털 돌기의 단면도〉

5 양분의 이동경로

개정된 용어

• 쇄골하정맥 → 빗장밑정맥

(1) 수용성 양분 → 융털의 모세혈관 → 간문맥 → 간 → 간정맥 → 하대정맥 → 심장 → 온몸

(2) 지용성 양분 → 융털의 암죽관 → 림프관 → 가슴관 → 빗장밑정맥 → 상대정맥 → 심장 → 온몸

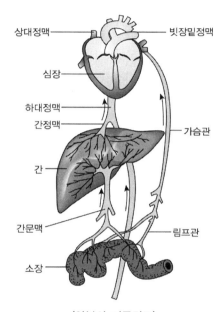

〈양분의 이동경로〉

> **Tip**
>
> **기초 대사량**
> 기초 대사량은 생명을 유지하기 위한 활동이 일어나는 데 필요한 최소한의 에너지양으로, 성인의 경우 대체로 체중 1kg당 1시간에 남자는 1kcal, 여자는 0.9kcal이다.

THEME
033 | 혈 액

1 **혈액** : 액체(혈장) 위에 많은 세포(혈구)가 떠 있는 조직

(1) 혈구

① **적혈구** : 산소 운반(헤모글로빈 함유)
② **백혈구** : 식세포 작용(대식세포)과 면역에 관여(림프구)
③ **혈소판** : 혈액 응고(트롬보키네이스 함유)

	적혈구	백혈구	혈소판
생성 장소	골수	골수, 지라	골수
파괴 장소	지라, 간	지라, 골수	지라
개수 (1mm³당)	450만~500만 개	6,000~8,000개	20만~40만 개
수명	약 120일	약 15일	약 4일~5일
크기	7μm	14μm	3μm
핵의 유무	무핵 (포유류의 경우)	유핵	무핵

(2) 혈장 : 혈구가 떠 있는 액체 성분으로 단백질, 무기염류, 포도당 등이 함유되어 있다.

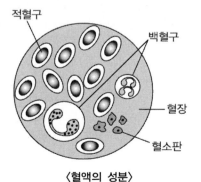

〈혈액의 성분〉

2 혈액 응고 과정

(1) 혈액이 공기에 노출되면 혈소판이 파괴되어 트롬보키네이스가 분비된다.

(2) 트롬보키네이스는 혈장 속의 Ca^{2+}와 함께 프로트롬빈을 트롬빈으로 활성화시킨다.

(3) 트롬빈은 피브리노젠을 활성화시켜 실 모양의 피브린을 만든다.

(4) 피브린은 혈구와 함께 덩어리(혈병)를 만들어 출혈을 막는다.

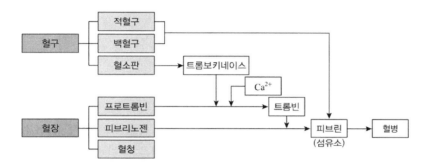

3 혈액 응고 방지법

(1) **저온 처리** : 효소(트롬보키네이스)의 작용 억제

(2) **시트르산 Na이나 옥살산 Na 처리** : Ca^{2+}의 작용 억제

(3) **헤파린(간에서 생성) 처리** : 트롬빈 생성 억제

(4) **유리 막대로 젓기** : 피브린 제거

🖈 용어 해설 ————

• 시트르산(=구연산) : 신맛을 띠는 과실에 존재하는 포도당이 분해되는 과정에서 생긴 유기산의 일종. 상쾌한 신맛을 나타내므로, 청량음료의 제조에도 사용한다.
• 옥살산 : 유기산의 일종

🖈 개정된 용어 ————

• 트롬보키나아제
  → 트롬보키네이스
• 피브리노겐 → 피브리노젠

🖈 확인 콕콕콕! ————

1. 혈액이 공기에 노출되어 혈소판이 파괴되면 (　)가 분비된다.
2. 혈장 속의 프로트롬빈을 트롬빈으로 활성화시키는 물질은 (　)와 (　)이다.
3. (　)에 의해서 피브리노젠이 피브린으로 활성화된다.
4. 피브린은 혈구와 함께 (　)을 만들어 출혈을 막는다.

❻ 1. 트롬보키네이스
   2. 트롬보키네이스, Ca^{2+}
   3. 트롬빈
   4. 혈병

1 **라이소자임** : 세균의 세포벽을 가수분해하는 효소로서 콧속, 호흡기, 소화기 등과 같이 피부로 덮여 있지 않은 부위의 점액이나 눈물, 침에 들어있어 병원체가 눈이나 코, 입을 통해 침입하는 것을 막는다.

2 **항원 항체 반응**

(1) **항원** : 생체 내에 침입한 이물질(병원균이나 병원균이 분비한 독소)로, 항체를 만들도록 하는 물질

(2) **항체** : 항원에 대항하여 항원의 기능을 약화시키거나, 백혈구의 식균 작용을 촉진시키는 물질로 주성분은 단백질이며 림프구에서 생성된다.

(3) **항원 항체 반응의 특이성** : 항체는 자신을 만들게 한 항원하고만 화학적으로 결합하는 특이성이 있다.

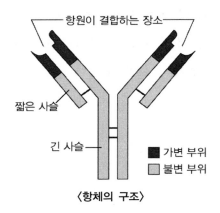

〈항체의 구조〉

3 림프구

(1) **B 림프구** : 골수에서 생성되어 골수(bone marrow)에서 성숙하며 항체 생성에 관여한다.

(2) **T 림프구** : 골수에서 생성되어 흉선(thymus, 가슴샘)에서 성숙한다.

   ① 세포 독성 T 림프구 : 항원에 감염된 세포나 암세포를 파괴한다.

   ② 도움 T 림프구 : B 림프구와 세포 독성 T 림프구의 작용을 활성화시킨다.

Tip

후천성 면역 결핍증(AIDS = Acquired immune deficiency syndrome)

에이즈 바이러스(HIV : Human Immunodeficiency Virus)가 인체에 감염되면 B 림프구와 세포 독성 T 림프구를 활성화시키는 기능이 있는 도움 T 림프구를 파괴함으로써 면역 체계가 무너지게 된다.

4 인공 면역

(1) **백신** : 독성을 약화시켰거나 죽인 항원을 말하며 예방에 사용

(2) **면역 혈청(혈청 요법)** : 동물에 항원을 주사해서 항체를 만든 뒤 이 항체를 다시 사람에게 주사하는 것으로 치료에 사용

01 면역에 관한 다음 설명 중 옳지 않은 것은?

   ① 항체는 단백질로 구성된다.

   ② T 림프구는 골수에서 생성, 흉선에서 성숙한다.

   ③ 라이소자임은 세균의 세포벽을 분해하는 효소이다.

   ④ 환자에게 백신을 주사하여 치료한다.

해설 환자에게 백신을 주사하는 것은 예방하기 위한 것이다.　　　정답 ④

용어 해설

• 흉선(=가슴샘) : 가슴뼈의 뒤쪽, 심장 앞쪽에 있는 편평한 삼각모양의 분비샘

OX 퀴즈

1. 세포 독성 T 림프구는 항원을 파괴한다. 　　　　　　　( )
2. 세포 독성 T 림프구에서 항체를 생성한다. 　　　　　　( )

확인 콕콕콕!

1. 세균에 감염된 세포나 암세포 등을 ( )가 직접 공격하여 파괴한다.
2. 질병을 일으키지 않을 정도로 약화시킨 항원을 ( )이라고 한다
3. 후천성 면역 결핍증(AIDS)은 HIV가 ( )를 파괴하여 면역 기능이 무력화되는 질병이다.

❽ 1. × 　2. ×
❻ 1. 세포독성 T 림프구
　　2. 백신
　　3. 도움 T 림프구

035 | 혈구의 응집과 혈액형

용어 해설

- 응집원 : 응집 반응을 일으키는 항원
- 응집소 : 응집 반응을 일으키는 항원에 대한 항체

OX 퀴즈

1. 응집원 A와 B를 모두 갖는 사람은 AB형이고, 응집소 α와 β를 모두 갖는 사람은 O형이다. ( )
2. 응집원이 없는 사람은 O형이고 응집소가 없는 사람은 AB형이다. ( )

확인 콕콕콕!

1. 응집원은 ( )의 표면에 있고, 응집소는 ( )에 존재한다.
2. A형 표준 혈청 속에는 응집소 ( )가, B형 표준 혈청 속에는 응집소 ( )가 들어 있다.
3. ABO식 혈액형에서 소량 수혈의 경우 주는 쪽의 ( )과 받는 쪽의 ( ) 사이에서 응집 반응이 나타나면 수혈을 해 줄 수 없고, 응집 반응이 나타나지 않으면 서로 다른 혈액형 사이에서도 수혈이 가능하다.
4. 소량 수혈의 경우 모든 혈액형에게 수혈해 줄 수 있는 혈액형은 ( )형이며, 모든 혈액형에게 수혈 받을 수 있는 혈액형은 ( )형이다.
5. 다량 수혈의 경우 B형은 ( )형에게만 수혈이 가능하다.

Ⓞ 1. ○   2. ○
Ⓒ 1. 적혈구, 혈청
   2. β, α
   3. 응집원, 응집소
   4. O, AB
   5. B

1 ABO식 혈액형의 응집 반응

(1) 응집원과 응집소

① 응집원은 적혈구 표면에 A, B 2종류, 응집소는 혈장에 α, β 2종류이다.

② 혈액에 존재하는 응집원의 종류에 따라 A형, B형, AB형, O형으로 구분된다.

③ 응집원 A와 응집소 α가 만나거나, 응집원 B와 응집소 β가 만나면 응집 반응이 일어난다.

	A형	B형	AB형	O형
응집원 (=항원 : 적혈구 표면에 있다)	A	B	A, B	없음
응집소 (=항체 : 혈청 속에 있다)	β	α	없음	α, β

(2) 수혈 : 소량 수혈하는 경우 주는 쪽의 응집원과 받는 쪽의 응집소 사이에서 응집 반응이 나타나지 않으면 서로 다른 혈액형끼리도 수혈이 가능하다. 그러나 다량 수혈은 같은 혈액형끼리만 가능하다.

- A ← A, O
- B ← B, O
- AB ← A, B, AB, O
- O ← O

2 Rh식 혈액형의 응집 반응

(1) **Rh식 혈액형 판정** : Rh 혈액의 응집 반응도 항원 항체 반응으로 Rh 응집원과 Rh 응집소가 만나면 응집 반응이 일어난다. 토끼에 붉은털원숭이의 혈액을 주사하면 토끼의 혈청 속에는 붉은털원숭이의 혈구를 응집시키는 응집소가 생긴다. 이를 항 Rh 혈청이라 하며 이 항 Rh 혈청(Rh 응집소)과 사람의 피를 섞었을 때 응집이 일어나는 사람을 Rh^+형이라 하고, 응집이 일어나지 않는 사람을 Rh^-형이라 한다.

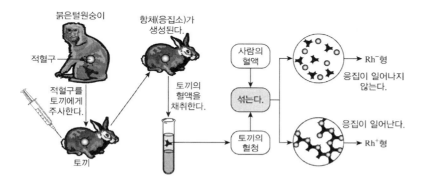

(2) **수혈**

① 같은 혈액형끼리 수혈이 가능하며 Rh^-형은 Rh^+형에게 줄 수 있다.

② Rh^-인 사람이 Rh^+형의 혈액을 수혈 받으면 Rh^-형인 사람의 혈액에 Rh 응집원에 대응하는 Rh 응집소가 후천적으로 생성되어 나중에 다시 Rh^+형의 혈액을 수혈 받을 경우 응집반응이 일어나므로 Rh^+형은 Rh^-형에게 줄 수 없다.

$$Rh^+ \leftrightarrows Rh^+ \leftarrow Rh^- \leftrightarrows Rh^-$$

혈액형의 발견

사고로 피를 많이 흘린 사람은 수혈을 통해 혈액을 보충해 주는데 혈액형이 발견되기 전에는 많은 경우 응집 현상으로 환자들이 사망하였다. 학자들이 수혈의 부작용을 일으키는 응집 반응의 정체와 그 원인에 대해 연구해 오다가 란트슈타이너에 의해 규명되었다. 란트슈타이너는 서로 다른 혈액을 섞었을 때 항상 응집 반응이 나타나는 것이 아니라는 사실을 발견하고, 1901년 응집 반응의 차이에 따라 A형, B형, O형으로 구분할 수 있다는 결론에 도달하였고 AB형은 나중에 발견하게 되었다. 그 이후에 비너와 공동연구 결과 Rh식 혈액형을 발견하게 되었다.

🔍 **용어 해설**

• Rh : 붉은털원숭이의 학명인 *Rhesus monkey*에서 딴 것이다.

📖 **확인 콕콕콕!**

1. 토끼로부터 붉은털원숭이의 혈액에 대한 (　　)가 포함된 혈청을 뽑아 표준혈청으로 사용하는데 이를 항 Rh 혈청이라 하며 이 항 Rh 혈청과 사람의 피를 섞었을 때 응집이 일어나는 사람을 (　　)형이라 하고, 응집이 일어나지 않는 사람을 (　　)형이라 한다.
2. (　　)형은 Rh^+형과 Rh^-형의 혈액을 수혈 받을 수 있다.

❽ 1. 응집소, Rh^+, Rh^-
    2. Rh^+

1 혈액의 순환

(1) **동맥** : 심장에서 나가는 피가 흐르는 혈관

(2) **정맥** : 심장으로 들어가는 피가 흐르는 혈관

(3) **혈액의 순환 경로**

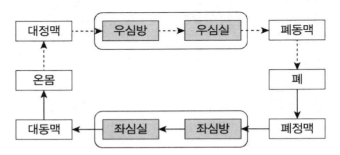

❖ 실선은 산소를 많이 함유하고 있어서 선홍색을 띠는 동맥혈이고 점선은 이산화탄소를 많이 함유하고 있어서 검붉은색을 띠는 정맥혈이다.
일반적으로 동맥에서는 동맥혈이 흐르고 정맥에서는 정맥혈이 흐르지만 예외로 폐동맥에서는 정맥혈이 흐르고 폐정맥에서는 동맥혈이 흐른다.

(4) **체순환과 폐순환**

① **체순환** : 좌심실에서 나온 혈액이 온몸을 순환하고 우심방으로 들어오는 순환으로, 동맥혈이 정맥혈로 된다. 좌심실이 수축하면 동맥혈이 대동맥을 통해 온몸의 모세혈관으로 이동하여 조직세포에 산소와 영양소를 공급하고, 조직세포에서 나온 이산화탄소와 노폐물을 받아 정맥혈로 되어 대정맥을 통해 우심방으로 들어온다.

② **폐순환** : 우심실에서 나온 혈액이 폐를 순환하고 좌심방으로 들어오는 순환으로, 정맥혈이 동맥혈로 된다. 우심실이 수축하면 정맥혈이 폐동맥을 통해 폐의 모세혈관으로 이동하여 폐포에 이산화탄소를 내보내고 산소를 받아 동맥혈로 되어 폐정맥을 통해 좌심방으로 들어온다.

2 **심장의 구조** : 사람의 심장은 주먹 크기의 근육질 주머니로 2개의 심방과(우심방, 좌심방)과 2개의 심실(우심실, 좌심실)로 되어 있다.

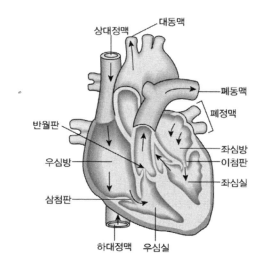

(1) **심방** : 혈액이 들어오는 곳으로 정맥과 연결되어 있는데 좌심방은 폐정맥, 우심방은 대정맥과 연결되어 있다.

(2) **심실** : 혈액이 나가는 곳으로 근육층이 심방의 근육층보다 훨씬 두꺼우며 동맥과 연결되어 있는데 좌심실은 대동맥, 우심실은 폐동맥과 연결되어 있다. 특히 좌심실의 벽이 우심실의 벽보다 두꺼운데, 이것은 높은 압력으로 혈액을 대동맥을 통해서 온몸으로 내보내기 위해서이다.

(3) **심장의 판막** : 심장 내에서 혈액이 역류하는 것을 방지한다. 우심방과 우심실 사이에 있는 삼첨판과 좌심방과 좌심실 사이에 있는 이첨판은 혈액이 심방에서 심실로만 이동하도록 하고, 심실과 동맥 사이에 있는 반월판은 혈액이 심실에서 동맥으로만 이동하도록 해서 혈액이 역류하지 않고 한쪽 방향으로만 흐르도록 한다.

확인 콕콕콕!

1. 동맥의 혈액이 심실로 역류하는 것을 막는 판막을 (   )이라고 한다.
2. (   )은 좌심실에서 좌심방으로 혈액이 역류하는 것을 막고, (   )은 우심실에서 우심방으로 혈액이 역류하는 것을 막는다.
3. 심방 수축기에는 혈액이 (   )에서 (   )로 흐른다.
4. 심실 수축기에는 혈액이 (   )에서 (   )으로 흐른다.
5. 온몸 순환 경로는 좌심실→(   )→온몸 조직→(   )→우심방으로 흐르는 경로로, 온몸의 조직 세포에 (   )를 공급하고 (   )를 받아오는 역할을 하는 순환으로, (   )혈이 (   )혈로 된다.
6. 폐순환 경로는 우심실→(   )→폐→(   )→좌심방으로 흐르는 경로로, (   )혈이 (   )혈로 된다.

⑥ 1. 반월판
    2. 이첨판, 삼첨판
    3. 심방, 심실
    4. 심실, 동맥
    5. 대동맥, 대정맥, O_2, CO_2, 동맥, 정맥
    6. 폐동맥, 폐정맥, 정맥, 동맥

3 심장의 자동성

심장을 몸에서 떼어 놓아도 스스로 심장의 박동을 계속하는 것을 말한다.

① 심장의 자동성은 대정맥과 심장의 우심방 사이의 동방 결절이라는 근육조직이 주기적으로 흥분을 일으키기 때문에 나타나는데, 이 근육조직을 박동원이라 한다. 따라서 심장을 몸에서 떼어 놓아도 한동안 박동을 계속하는데 이를 심장 박동의 자동성이라고 한다.

② **심장 수축의 진행순서**：박동원인 동방 결절에서 시작된 흥분이 우심방을 수축시키고 곧이어 심방과 심실 사이에 있는 방실 결절을 흥분시킨다. 이 흥분이 히스색을 거쳐서 흥분전달 섬유(푸르키네 섬유)를 통해 심실벽으로 전달되면 좌우 심실이 수축한다.

즉 동방 결절 → 우심방 수축

\ 방실 결절 → 히스다발(히스색) → 푸르키네 섬유

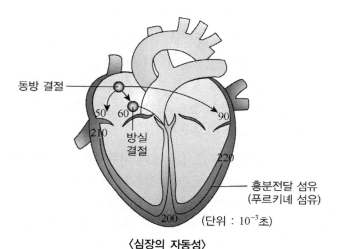

〈심장의 자동성〉

037 | 혈 압

혈액이 혈관 벽을 밀 때 생기는 압력을 혈압이라고 한다. 동맥의 경우 심실의 수축기에는 혈압이 높고(최고 혈압), 심실의 이완기에는 혈압이 낮다(최저 혈압). 심실이 수축할 때의 최고 혈압은 보통 120mmHg이고, 심실이 이완될 때의 최저 혈압은 보통 80mmHg을 나타내며 최고 혈압과 최저 혈압 차이(40mmHg)를 맥압이라 한다.

혈압은 대동맥에서 가장 높고 모세혈관으로 갈수록 점점 낮아져 대정맥에서는 더 낮아진다.

즉, 혈압은 심장에서 혈액이 흘러간 거리가 멀어질수록 낮아진다.

• **혈압** : 동맥 > 모세혈관 > 정맥

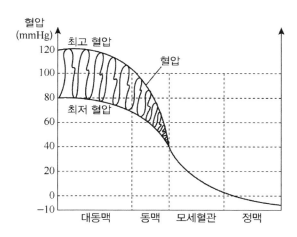

✏️**확인 콕콕콕!**

1. 혈압은 ( ) > ( ) > ( ) 순이다.
2. 동맥에서 최고 혈압과 최저 혈압의 차이를 ( )이라고 한다.

❻ 1. 동맥, 모세혈관, 정맥
   2. 맥압

◆━━ 확인 콕콕콕! ━━━

1. 모세혈관은 혈관 중에서 ( )이 가장 크고, ( )가 가장 느리다.
2. 혈관의 총 단면적은 ( ) > ( ) > ( ) 순이다.
3. 혈류 속도는 ( ) > ( ) > ( ) 순이다.

1 혈관의 총 단면적

모세혈관은 동맥과 정맥 사이를 이어주는 혈관으로 온몸의 조직에 그물모양으로 퍼져 있다. 모세혈관 하나의 단면적은 매우 가늘지만 온몸의 조직으로 구석구석까지 흩어져 있어서 총 단면적은 가장 넓고, 동맥의 총 단면적이 가장 좁다.

• **혈관의 총 단면적** : 모세혈관 > 정맥 > 동맥

2 혈류 속도

혈류 속도는 혈관의 총 단면적에 반비례한다. 모세혈관의 총 단면적이 가장 넓으므로 혈류 속도는 가장 느리며 혈관 벽이 한 층의 얇은 세포층으로 되어 있어서 모세혈관과 조직세포 사이의 물질 교환(양분과 노폐물, 산소와 이산화탄소의 교환)이 효율적으로 일어나게 한다. 동맥은 총 단면적이 가장 좁아서 혈류 속도가 가장 빠르다.

• **혈류 속도** : 동맥 > 정맥 > 모세혈관

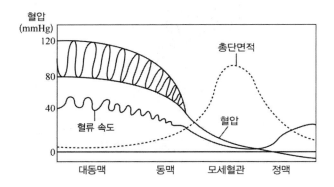

Tip

1. 혈류 속도 그래프에서 대동맥과 동맥에서 혈류 속도가 파동을 나타내는 이유는 좌심실의 수축과 이완의 영향을 받아 대동맥과 동맥에서 혈압이 파동성을 보이기 때문이다.
2. 혈관의 총 단면적과 혈류 속도는 반비례한다.

❻ 1. 총 단면적, 혈류 속도
   2. 모세혈관, 정맥, 동맥
   3. 동맥, 정맥, 모세혈관

모세혈관에서의 혈류 속도가 느린 이유

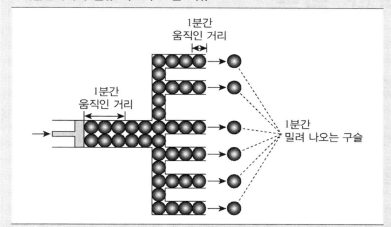

구슬 6개가 밀려 나오는 동안 가는 관이 여섯 갈래로 갈라져 총 단면적이 넓은 관에서는 1개에 해당하는 거리를 이동했지만 총 단면적이 좁은 굵은 관에서는 3개에 해당하는 거리를 이동한 것으로 보아 혈류 속도는 혈관의 총 단면적에 반비례한다는 것을 알 수 있다.

③ 정맥에서의 혈액의 흐름

주로 정맥 주변에 있는 근육의 수축과 이완에 의해 혈관이 압력을 받아 흐르고 정맥에는 판막이 있기 때문에 혈액의 역류를 방지해 준다.

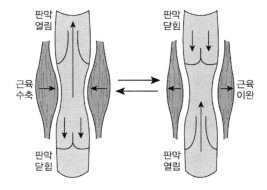

1. 동맥은 높은 혈압에 견딜 수 있도록 혈관 벽이 두껍고 탄력성이 큰 근육층이 발달되어 있으며 몸의 중심부에 위치한다.
2. 정맥은 혈압이 낮으므로 혈관벽이 얇고 탄력성이 작은 근육층으로 되어 있으며 몸의 표면부에 위치한다.
3. 모세혈관은 동맥과 정맥을 이어주는 혈관으로 한 겹의 세포층으로 구성되어 있으며, 혈류속도가 느려서 혈액과 조직세포 사이에서 물질 교환이 효율적으로 일어난다.

⑧ 1. ✕ 2. ○
⑥ 1. 혈관벽
　　2. 판막
　　3. 동맥, 정맥

THEME
039 | 조직액과 림프

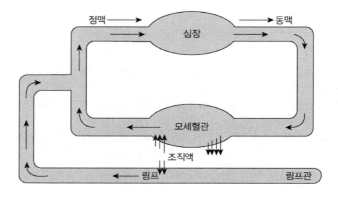

━━ 용어 해설 ━━

• 림프절(=림프샘=림프선=임파선)
 : 림프관에 있는 둥글게 생긴 알 모양의 조직으로 림프구와 대식세포가 많이 분포한다.

━━ 확인 콕콕콕! ━━

1. 모세혈관을 흐르는 혈액 중에서 혈장의 일부가 모세혈관을 빠져나와 조직을 채우고 있는 액체를 ( )이라 하며, 이것의 일부는 림프관으로 들어가 림프관을 흐르는 액체를 ( )라 한다.
2. 백혈구의 일종으로 면역 작용에 관여하는 세포를 ( )라 한다.
3. ( ), ( )에는 판막이 있어서 체액이 한쪽 방향으로만 흐른다.
4. 림프관의 한쪽 끝은 조직세포 사이에 분포하고 다른 쪽 끝은 혈관 중 ( )에 연결되어 있다.

1 조직액

모세혈관을 흐르는 혈액 중에서 혈장의 일부가 모세혈관을 빠져나와 조직을 채우고 있는데, 이를 '조직액'이라 한다.

2 림프

조직액의 일부는 림프관으로 들어가 림프관을 순환하다가 다시 정맥과 합쳐지는데, 이와 같이 림프관을 흐르는 조직액을 '림프'라 한다.

림프관 군데군데에 있는 림프절은 림프구를 생성하며 세균이 침입했을 때에는 부어오른다. 림프절은 특히 겨드랑이나 사타구니에 많이 몰려 있다.

(1) **림프구** : 백혈구의 일종으로 면역 작용에 관여한다.
(2) **림프장** : 림프의 액체 성분인 림프장은 혈장과 성분이 비슷하다.

3 림프관

림프가 이동하는 관으로, 림프관의 한쪽 끝은 여러 개의 모세림프관으로 갈라져 조직 사이에 흩어져 있고 다른 쪽은 정맥과 연결되어 있다. 림프관은 정맥과 연결되어 있어서 정맥을 통해 혈액으로 들어가 심장으로 들어간다. 림프의 흐름은 정맥과 같이 주로 주변 근육의 수축과 이완에 의해 이루어지기 때문에 림프관에는 역류를 방지하는 판막이 있다.

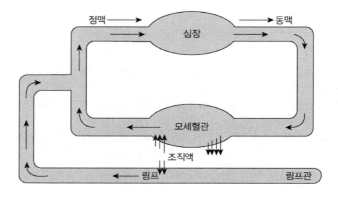

정맥 → 심장 → 동맥
모세혈관
조직액
림프
림프관

❻ 1. 조직액, 림프
 2. 림프구
 3. 정맥, 림프관
 4. 정맥

040 | 호흡 기관

1 호흡 기관

(1) **비강** : 콧속

(2) **구강** : 입안

(3) **인두** : 비강과 구강이 만나는 지점

(4) **연구개** : 입천장의 근육질

(5) **후두개** : 음식물이 기도로 들어가지 못하도록 막아주는 기관의 입구인 후두의 뚜껑 역할을 하는 연골 부분

2 공기의 이동

(1) 코로 들이마신 공기는 비강을 거치면서 따뜻하게 데워지고 습한 상태로 된 후 인두를 거쳐 기관 입구인 후두로 이동한다. 인두에는 연구개가 있고 후두에는 후두개가 있어서 음식물을 먹을 때는 연구개와 후두개가 닫히고 호흡을 할 때는 열린다.

(2) 후두를 통과한 공기는 기관으로 들어가는데 기관은 좌우 폐와 연결된 2개의 기관지로 갈라지며, 기관지는 다시 나뭇가지 모양의 무수히 많은 가느다란 세기관지로 더 갈라진 후 그 끝이 폐포와 연결된다. 기관과 기관지의 안쪽 벽에서는 비강에서와 마찬가지로 점액이 분비되어 들이마신 공기에 포함된 먼지나 세균 등이 걸러지고 벽에 나 있는 섬모의 운동을 통해 구강 쪽으로 운반해 제거한다. 기관과 기관지에서는 기체 교환이 일어나지 않고 폐포에 이르러 폐포와 모세혈관 사이에 기체 교환이 일어난다.

(3) 공기는 코(비강) ⇌ 인두 ⇌ 후두 ⇌ 기관 ⇌ 기관지 ⇌ 세기관지 ⇌ 폐포 ⇌ 모세혈관의 경로를 통해 이동한다.

041 | 기체 교환과 호흡의 종류

1 기체 교환

폐포(허파꽈리)와 모세혈관 사이에서 교환

2 기체 교환의 원리

분압 차이에 의한 확산 현상

3 분압

여러 종류의 기체가 섞여 있는 혼합 기체에서 특정 기체가 차지하는 압력으로 기체는 분압이 높은 쪽에서 낮은 쪽으로 확산된다.

(1) **산소** : O_2 분압이 높은 폐포 → O_2 분압이 낮은 모세혈관으로 확산

(2) **이산화탄소** : CO_2 분압이 높은 모세혈관 → CO_2 분압이 낮은 폐포로 확산

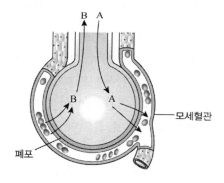

❖ A는 폐포에서 모세혈관으로 확산되는 산소이고, B는 모세혈관에서 폐포로 확산되는 이산화탄소이다.

4 폐는 매우 작은 폐포 3~4억 개로 이루어져 공기와 접촉하는 표면적을 매우 넓게 하므로 기체 교환이 효율적으로 일어날 수 있다.

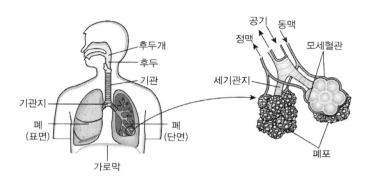

5 호흡의 종류

(1) 외호흡

폐순환 시 폐포와 모세혈관 사이에서 일어나는 산소와 이산화탄소의 교환이다.

(2) 내호흡

체순환 시 조직세포와 모세혈관 사이에서 일어나는 산소와 이산화탄소의 교환이다.

(3) 세포 호흡

세포 내의 미토콘드리아에서 산소를 이용하여 영양소를 산화시켜 생활에너지를 얻는 과정이다.

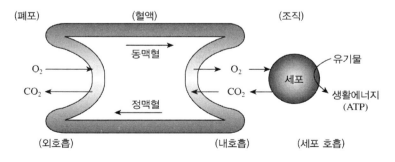

042 | 산소와 이산화탄소의 운반

확인 콕콕콕!

1. 폐에서는 헤모글로빈이 산소와 ( )하고 조직에서는 산소 헤모글로빈으로부터 산소가 ( )된다.
2. 산소 분압이 ( )수록 이산화탄소 분압이 ( )수록, 온도가 ( )수록 헤모글로빈의 산소 포화도는 증가한다.

1 산소 운반

폐에서 받아들인 산소는 적혈구의 헤모글로빈에 의해 조직으로 운반된다.

(1) 헤모글로빈의 산소 운반

혈액이 산소 분압이 높은 폐포의 모세혈관을 흐를 때 헤모글로빈은 산소와 쉽게 결합하여 산소헤모글로빈(HbO_2)이 되어 조직으로 이동한다. 혈액이 산소 분압이 낮은 조직의 모세혈관을 흐를 때 산소헤모글로빈은 산소와 쉽게 해리되어 다시 헤모글로빈(Hb)이 되어 폐로 이동한다.

① 폐포(결합) : $Hb + O_2 \longrightarrow HbO_2$

② 조직(해리) : $HbO_2 \longrightarrow Hb + O_2$

(2) 헤모글로빈과 산소가 결합이 잘되는 조건 : $Hb + O_2 \longrightarrow HbO_2$

① O_2 분압이 높을 때

② CO_2 분압이 낮을 때

③ 중성일 때(pH가 높을 때)

④ 저온일 때

(3) 헤모글로빈과 산소가 해리가 잘되는 조건 : $HbO_2 \longrightarrow Hb + O_2$

① O_2 분압이 낮을 때

② CO_2 분압이 높을 때

③ 산성일 때(pH가 낮을 때)

④ 고온일 때

산소해리곡선
산소 분압에 따른 헤모글로빈과 산소의 결합도를 나타낸 그래프로 S자형 곡선을 나타낸다.

01 다음의 산소해리곡선에 대한 물음에 답하시오.

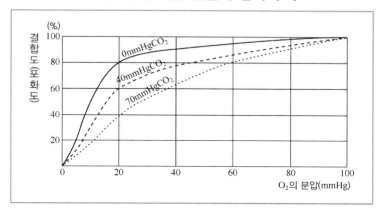

구분	폐포	조직
O_2 분압	100mmHg	20mmHg
CO_2 분압	40mmHg	70mmHg

① 폐포에서 Hb과 O_2의 결합도는?

② 조직에서 Hb과 O_2의 결합도는?

③ 폐포에서 결합한 산소의 몇 %가 조직에서 해리되었는가?

④ 휴식 중일 때보다 운동 중일 때 산소해리곡선은 어느 쪽으로 이동하겠는가?

 해설
① 폐포에서 결합도이므로 O_2의 분압이 100mmHg인 곳에서 위로 올라가 CO_2 분압이 40mmHg인 곡선과 만난 점의 y축 값을 읽으면 100%이다.

② 조직에서 결합도이므로 O_2의 분압이 20mmHg인 곳에서 위로 올라가 CO_2 분압이 70mmHg인 곡선과 만난 점의 y축 값을 읽으면 40%이다.

③ 폐포에서 결합도가 100%이고 조직에서 결합도가 40%이므로 나머지 60%가 조직으로 공급된 산소의 비율, 즉 조직에서 해리도이다.

④ 휴식 중일 때보다 운동 중일 때 조직에서 더 많은 산소가 소비되어야 하므로 조직에서 결합도는 낮아지고 해리도가 높아져야 한다. 따라서 산소해리곡선은 아래쪽(또는 오른쪽)으로 이동하게 된다.

정답 ① 100% ② 40% ③ 60% ④ 아래쪽(오른쪽)

확인 콕콕콕!

1. 산소의 분압에 따른 헤모글로빈의 산소 포화도(결합도)를 S자 모양으로 나타낸 그래프를 ( )이라고 한다.

2. 헤모글로빈의 산소 포화도가 동맥혈에서 100%, 정맥혈에서 30%라면 조직으로 공급된 산소량은 ( )%에 해당한다.

3. 이산화탄소 분압이 ( )수록, pH가 ( )수록, 온도가 ( )수록 해리가 잘 일어나므로 산소해리곡선이 ( )쪽으로 이동한다.

❻ 1. 산소해리곡선
2. 70
3. 높을, 낮을, 높을, 오른

확인 콕콕콕!

1. 조직에서 생성된 CO_2는 주로 적혈구 내에 존재하는 (　) 효소에 의해 (　)과 결합한 후 H^+과 HCO_3^-으로 해리되어 (　)은 다시 혈장으로 나와 운반된다.
2. CO_2는 대부분 (　)에 의해 운반된다.

2 이산화탄소 운반

　조직에서 생성된 CO_2의 대부분은 적혈구 속으로 들어가서 적혈구 속에 존재하는 탄산무수화 효소의 작용으로 H_2O와 결합하여 탄산(H_2CO_3)으로 되었다가 H^+와 HCO_3^-로 해리된 후 HCO_3^-는 다시 혈장으로 나와 운반된다.

　HCO_3^-의 형태로 폐까지 운반된 후 폐의 모세혈관에서는 조직의 모세혈관에서와 반대 방향으로 반응이 진행되어 CO_2를 생성한 다음 폐를 통해 몸 밖으로 배출된다.

$$CO_2 + H_2O \xrightleftharpoons[\text{탄산무수화 효소}]{\text{탄산무수화 효소}} H_2CO_3 \longleftarrow H^+ + HCO_3^-$$

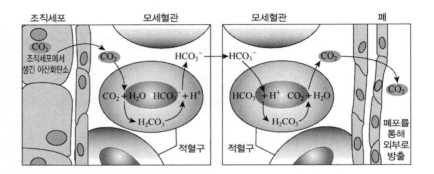

 개념 확인

02 체내 호흡의 결과 생성된 CO_2는 대부분 혈액 안에서는 어떤 형태로 운반되는가?

① CO_2 ② $HbCO_2$

③ H_2CO_3 ④ HCO_3^-

해설 CO_2는 주로 혈장에 의해서 HCO_3^-의 상태로 운반된다.   정답 ④

❻ 1. 탄산무수화, H_2O, HCO_3^-
　 2. 혈장

043 | 노폐물의 생성

1 노폐물의 생성

(1) 탄수화물(C, H, O) → CO_2, H_2O

(2) 지방(C, H, O) → CO_2, H_2O

(3) 단백질(C, H, O, N) → CO_2, H_2O 외에 질소노폐물(암모니아)

2 노폐물의 배출

(1) **이산화탄소** : 혈액에 의해 조직에서 폐로 운반된 후 날숨으로 배출된다.

(2) **물** : 콩팥과 땀샘을 통해 각각 오줌과 땀으로 배출되거나, 폐에서 날숨으로 수증기의 형태로 배출된다.

(3) **암모니아** : 독성이 강한 암모니아는 간에서 독성이 적은 요소로 합성된 후 콩팥과 땀샘을 통해 오줌이나 땀으로 배출된다.

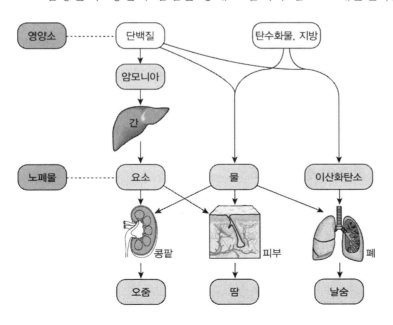

044 | 배설 기관

확인 콕콕콕!

1. 콩팥은 혈액으로부터 오줌이 생성되는 배설 기관으로, 콩팥의 기본단위인 네프론은 ( )와 ( )로 이루어진 말피기 소체와 ( )으로 구성된다.
2. 세뇨관 주위에는 ( )이 조밀하게 분포하고 있으며, 세뇨관들이 모여 굵은 ( )과 연결되어 있다.
3. 콩팥에서 나온 오줌은 ( )을 통해 ( )에 일시적으로 저장된 후 배출된다.

1 콩팥

(1) **사구체** : 콩팥동맥에서 갈라진 혈관이 실타래처럼 뭉친 덩어리 모양이다.

(2) **보먼주머니** : 사구체를 감싸고 있는 주머니 모양이다.

(3) **세뇨관** : 보먼주머니와 연결된 가늘고 긴 관으로 주위를 모세혈관이 감싸고 있다.

말피기 소체	사구체 + 보먼주머니
네프론	사구체 + 보먼주머니 + 세뇨관을 말하며, 콩팥을 이루는 기본단위

(4) **집합관** : 여러 개의 세뇨관이 모인 굵은 관으로 콩팥깔대기로 연결된다.

(5) **콩팥깔대기** : 콩팥 내부의 빈곳으로 오줌이 일단 저장되었다가 오줌관을 통해서 방광으로 내려간다.

2 오줌관 : 콩팥과 방광을 연결하는 통로

3 방광 : 오줌을 일시적으로 저장했다가 요도를 통해 체외로 배출시키는 주머니

4 오줌의 생성 경로

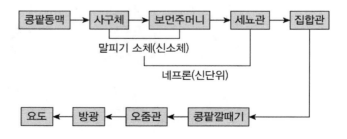

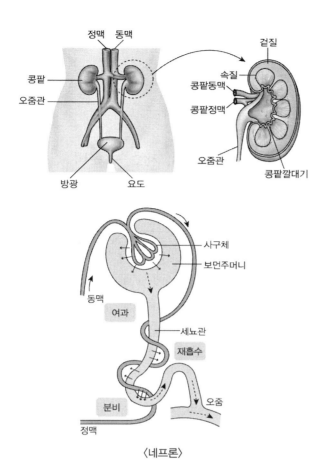

<네프론>

Tip

　오줌과 땀에는 요소와 같이 우리 몸에 불필요한 물질이 들어 있어서 몸 밖으로 내보내야 한다. 이와 같이 몸속에서 생긴 노폐물을 오줌과 땀의 형태로 몸 밖으로 내보내는 것을 배설이라고 하며, 이러한 일을 담당하는 기관을 배설 기관이라고 한다. 우리 몸의 배설 기관에는 오줌을 만들어내는 콩팥과 땀을 만들어내는 땀샘이 있다. 이러한 배설 기관은 몸속에 생긴 노폐물을 몸 밖으로 내보냄으로써 체내의 상태를 항상 일정하게 항상성을 유지할 수 있도록 해 준다.

　대변과 같이 음식물 속의 영양소들이 소화관을 따라 내려갈 때 흡수되지 못하고 남은 음식찌꺼기를 항문을 통해 내보내는 것은 배설이라고 하지 않고 배출이라고 하므로 대변은 배설물이 아니라 배출물이라고 해야 한다.

　따라서 항문은 배설 기관이 아니고 소화 기관이라고 해야 한다.

용어 해설

• 크레아티닌 : 근육 속에 크레아틴 인산으로 존재하다가 근육에서 ADP를 ATP로 인산화시키면서 크레아티닌으로 되어 오줌을 통해 배설된다.

• 진피 : 피부는 표피와 진피로 구성되어 있는데, 진피는 표피 바로 아래 부분을 말하며 혈관, 신경, 땀샘 등이 분포한다.

확인 콕콕콕!

1. 사구체에서 (. .)는 크기가 커서 여과되지 않는다.
2. 재흡수는 ( )에서 모세혈관으로 물질이 이동하는 현상으로, ( )과 ( )은 여과된 후 모두 재흡수된다.
3. 원뇨의 대부분을 차지하는 ( )은 98~99%가 재흡수된다.
4. 모세혈관에서 세뇨관으로 ( )되는 물질은 ( )을 통해 배설된다.
5. 단백질은 여과되지 않으므로 혈장에는 존재하지만 ( )와 오줌에는 존재하지 않는다.
6. 물질의 배설량은 여과량 – ( )량 + ( )량이다.
7. 땀은 ( )을 배출하는 기능과 ( )을 조절하는 기능을 한다.

1 오줌의 생성 과정 : 여과, 재흡수, 분비

(1) **말피기 소체에서 여과(사구체 → 보먼주머니)**

　① 여과되는 물질 : 포도당, 아미노산, 물, 무기염류, 요소 등과 같이 크기가 작은 물질은 사구체에서 여과된다. 이렇게 여과된 물질을 원뇨라고 한다.

　② 여과되지 않는 물질 : 단백질, 지방, 혈구와 같이 분자량이 큰 물질은 사구체를 빠져나올 수 없기 때문에 여과되지 않는다.

(2) **세뇨관에서 모세혈관으로 재흡수** : 포도당, 아미노산은 100% 재흡수, 물은 99% 정도, 무기염류도 거의 대부분 재흡수되고 요소도 일부가 재흡수된다.

(3) **모세혈관에서 세뇨관으로 분비** : 대표적으로 크레아티닌 등이 분비된다.

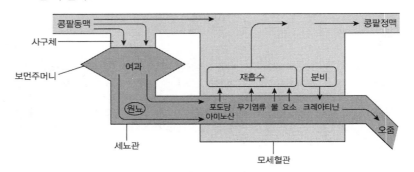

2 땀샘

(1) **땀샘의 분포와 구조** : 피부의 진피층에 분포하며, 실타래처럼 엉켜있는 땀샘 주변을 모세혈관이 둘러싸고 있다.

(2) **땀샘의 기능** : 노폐물의 배출과 체온 조절

❽ 1. 단백질, 지방, 혈구
　2. 세뇨관, 포도당, 아미노산
　3. 물
　4. 분비, 오줌
　5. 원뇨
　6. 재흡수, 분비
　7. 노폐물, 체온

01 그림은 체내 외에서 일어나는 물질의 이동과정을 나타낸 것이다. (가), (나), (다)는 각각 소화계, 배설계, 호흡계 중의 하나이다. 이에 대한 설명으로 옳은 것만을 있는 대로 고른 것은?

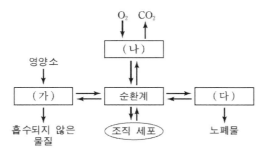

ㄱ. (가)에서 이화작용이 일어난다.
ㄴ. (나)는 호흡계이다.
ㄷ. (나)로 들어온 산소는 순환계로 이동한다.
ㄹ. (다)는 배설계이다.
ㅁ. 흡수되지 않은 물질은 배설계를 통해 배설된다.

① ㄴ, ㄷ, ㄹ
② ㄱ, ㄴ, ㄹ
③ ㄱ, ㄴ, ㄷ, ㄹ
④ ㄱ, ㄴ, ㄷ, ㄹ, ㅁ

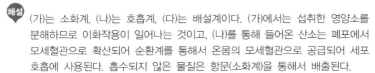 (가)는 소화계, (나)는 호흡계, (다)는 배설계이다. (가)에서는 섭취한 영양소를 분해하므로 이화작용이 일어나는 것이고, (나)를 통해 들어온 산소는 폐포에서 모세혈관으로 확산되어 순환계를 통해서 온몸의 모세혈관으로 공급되어 세포 호흡에 사용된다. 흡수되지 않은 물질은 항문(소화계)을 통해서 배출된다.

정답 ③

THEME
046 | 시각기

개정된 용어

• 모양체 → 섬모체

확인 콕콕콕!

1. 동공의 크기를 변화시켜 눈으로 들어오는 빛의 양을 조절하는 것은 (　　)이다.
2. 빛을 굴절시켜 물체의 상이 망막에 맺히도록 하는 것은 (　　)이다.
3. (　　)와 (　　)는 수정체의 두께를 조절하여 원근 조절에 관여한다.
4. 시세포가 분포하여 빛 자극을 수용하는 곳은 (　　)이며, (　　)에는 원뿔세포가 밀집되어 있고, 시세포가 없는 부위는 (　　)이다.

1 눈의 구조

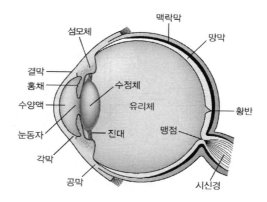

(1) **공막** : 안구의 가장 바깥쪽을 싸는 흰자위 부분으로 안구를 보호하고 형태를 유지한다.

(2) **맥락막** : 빛을 차단한다(어둠상자).

(3) **망막** : 시세포가 분포하여 상이 맺힌다(필름).
   ① **황반** : 시세포(원뿔세포)가 밀집되어 있어서 밝을 때는 가장 선명한 상이 맺힌다.
   ② **맹점** : 시신경이 모여 나가는 부분으로 시세포가 없어서 상이 맺혀도 보이지 않는다.

(4) **홍채** : 동공의 크기를 조절하여 눈으로 들어오는 빛의 양을 조절한다.

(5) **수정체** : 빛을 굴절시켜 망막에 상을 맺게 한다(렌즈).

(6) **섬모체** : 수정체의 두께를 조절한다.

(7) **진대** : 수정체와 섬모체를 연결한다.

(8) **각막** : 안구 앞쪽의 투명한 막이다.

(9) **유리체** : 수정체와 망막 사이를 채우고 있는 투명한 액체이다.

❻ 1. 홍채
2. 수정체
3. 섬모체, 진대
4. 망막, 황반, 맹점

2 시세포의 종류

(1) 원뿔세포

① 망막의 황반에 많이 분포하며 밝은 곳에서 반응하여 물체의 형태, 명암과 색깔을 구별한다.

② 원뿔세포에 이상이 생기면 색맹이 된다.

③ 원뿔세포의 종류에는 적원뿔세포, 녹원뿔세포, 청원뿔세포의 세 종류가 있으며, 이들 세포의 흡광률에 따라 다양한 색깔을 구별한다.

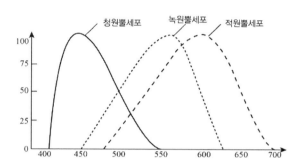

〈원뿔세포의 흡광률에 따라 감지하는 색〉

흡광률(%)			감지색
적원뿔세포	녹원뿔세포	청원뿔세포	
0	0	100	청색
31	67	36	녹색
83	83	0	노란색

(2) 막대세포

① 망막의 주변부에 많이 분포하며 어두운 곳에서 반응하여 물체의 형태와 명암을 구별한다.

② 막대세포에 이상이 생기면 야맹증이 된다.

 Tip

부엉이와 같은 야행성 동물이 어두운 곳에서도 잘 볼 수 있는 이유는 막대세포가 많기 때문이다.

개정된 용어

• 원추세포 → 원뿔세포
• 간상세포 → 막대세포

확인 콕콕콕!

1. 시세포 중에서 ( )세포는 물체의 형태와 색을 구분하고, ( )세포는 물체의 형태와 명암을 식별한다.
2. 원뿔세포에 이상이 생기면 ( )이 되고 막대세포에 이상이 생기면 ( )이 된다.

⑧ 1. 원뿔, 막대
  2. 색맹, 야맹증

개정된 용어

• 외이 → 바깥귀
• 중이 → 가운데귀
• 내이 → 속귀
• 청소골 → 귓속뼈
• 외이도 → 바깥귀길
• 유스타키오관 → 귀인두관
• 전정 기관 → 안뜰 기관

확인 콕콕콕!

1. 귓구멍을 통과한 음파가 ( )을 진동시키면 ( )에서 증폭되어 ( )으로 전달된다.
2. 달팽이관으로 전달된 음파는 ( )의 청세포를 흥분시키고, 이 흥분이 ( )을 통해 ( )로 전달되어 청각이 형성된다.
3. 목구멍과 연결되어 있으며 바깥귀와 가운데귀의 압력이 같도록 조절하는 곳은 ( )이다.

1 귀의 구조와 기능

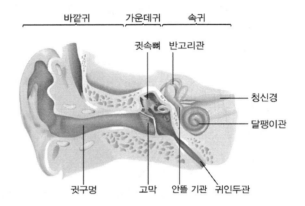

(1) 바깥귀 : 귓바퀴와 바깥귀길

(2) 가운데귀

① **고막** : 음파에 의해 진동이 일어나는 얇은 막이다.

② **귓속뼈** : 고막의 진동을 증폭시켜 달팽이관으로 전달한다.

③ **귀인두관** : 목구멍과 연결되어 있으며 바깥귀와 가운데귀의 압력이 같도록 조절한다.

(3) 속귀

① **달팽이관** : 림프로 채워져 있고, 달팽이세관에 코르티기관(청세포와 덮개막)이 있어 음파를 청신경으로 전달한다.

② **안뜰 기관과 반고리관** : 몸의 평형을 감각한다.

(4) 음파의 전달 경로

음파 → 바깥귀길 → 고막의 진동 → 귓속뼈(음파의 증폭) → 달팽이관의 코르티기관(기저막, 청세포, 덮개막) → 청신경 → 대뇌

A 1. 고막, 귓속뼈(청소골), 달팽이관
2. 코르티기관, 청신경, 대뇌
3. 귀인두관(유스타키오관)

2 평형 감각기

(1) **안뜰 기관** : 중력 자극에 의한 몸의 위치 감각을 느끼는 평형기로, 두 개의 주머니 속에 이석이라는 석회알이 감각모(섬모)를 자극한다.

(2) **반고리관** : 림프의 관성으로 몸의 회전 감각을 느끼는 평형기로, 내부에 림프액이 감각모(섬모)를 자극한다.

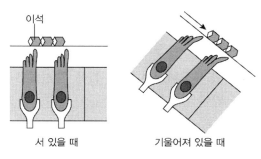

〈안뜰 기관〉

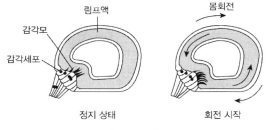

〈반고리관〉

반고리관의 감각모 움직임
- 몸이 정지하고 있을 때는 감각모가 움직이지 않는다.
- 몸이 회전하기 시작하면 관성에 의한 림프의 움직임으로 감각모가 회전 방향과 반대 방향으로 구부러진다.
- 계속 회전하면 림프가 몸의 회전 방향과 같은 방향으로 일정한 속도로 움직이고 있으므로 감각모가 구부러지지 않는다.
- 갑자기 회전을 멈추면 관성에 의한 림프의 움직임으로 감각모가 회전 방향과 같은 방향으로 구부러진다.

◆ **용어 해설**

- 중력 : 지상에서 물체를 지구로 끌어당기는 힘을 말하며 지구의 만유인력과 자전에 의한 원심력을 합한 힘
- 관성 : 물체가 외부의 작용을 받지 않는 한 현재의 운동 상태를 유지하려는 성질

◆ **확인 콕콕콕!**

1. 속귀에서 중력 자극에 의한 이석의 움직임으로 몸의 기울기를 감지하는 감각 수용기는 (   )이다.
2. 속귀에서 림프의 관성에 의해 몸의 회전을 감지하는 감각 수용기는 (   )이다.

❻ 1. 안뜰 기관(전정 기관)
   2. 반고리관

1 뉴런(신경)

신경계를 이루는 기본 단위로, 신경세포체, 축삭 돌기, 가지 돌기로 구성된다.

(1) **신경세포체** : 핵과 세포질로 구성되어 있다.

(2) **가지 돌기** : 신경세포체에서 나온 짧은 가지로 다른 뉴런으로부터 자극을 받아들인다.

(3) **축삭 돌기** : 신경세포체에서 길게 뻗어 나온 가지로 다른 뉴런으로 신호를 전달한다.

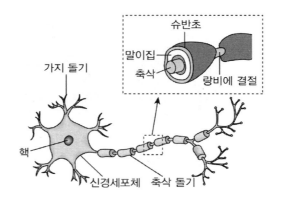

말이집	슈반 세포의 세포막이 축삭을 여러 겹으로 싸고 있어서 형성된 것
랑비에 결절	축삭 돌기 곳곳에 말이집이 없어 축삭이 노출된 부분

2 뉴런의 종류

(1) **구심성 뉴런(감각 뉴런)** : 감각 기관이나 내장 기관의 자극을 중추(뇌, 척수)에 전달해주는 뉴런으로 구심성 뉴런의 신경세포체는 축삭 돌기의 한쪽 옆에 있다.

(2) **원심성 뉴런(운동 뉴런)** : 중추의 흥분을 반응기(근육이나 내장기관)에 전달해주는 뉴런이다.

(3) **연합 뉴런** : 구심성 뉴런과 원심성 뉴런을 연결해주는 뉴런으로 중추 신경계인 뇌와 척수를 구성하고 있다.

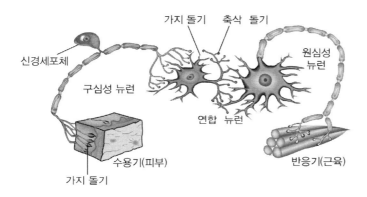

3 시냅스

한 뉴런의 축삭 돌기와 다른 뉴런의 가지 돌기가 접하는 부분을 시냅스라 하며 축삭 돌기 말단에서 아세틸콜린이 분비되어 시냅스 후 뉴런의 가지 돌기로 전달된다.

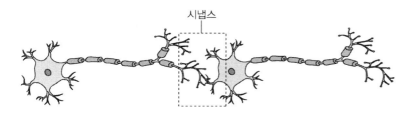

확인 콕콕콕!

1. 뉴런의 종류에는 감각기에서 받아들인 자극을 중추로 전달하는 (　　), 중추의 명령을 반응기로 전달하는 (　　), 뇌와 척수를 구성하는 (　　)이 있다
2. 한 뉴런의 축삭 돌기와 다른 뉴런의 가지 돌기가 접하는 부분을 (　　)라 하며 축삭 돌기 말단에서 (　　)이 분비된다.

🟢 1. 구심성 뉴런(감각 뉴런), 원심성 뉴런(운동 뉴런), 연합 뉴런
2. 시냅스, 아세틸콜린

4 흥분의 전도

뉴런 내에서 흥분이 전해지는 현상

(1) 분극

Na^+-K^+펌프(나트륨-칼륨펌프)의 능동수송으로 Na^+은 세포막 바깥쪽으로, K^+은 세포막 안쪽으로 이동시킨다.

세포내부에는 음(-) 전하를 띠는 단백질이 높은 농도로 존재하므로 세포 바깥쪽은 양(+) 전하, 안쪽은 음(-) 전하를 띠게 된다(휴지 전위).

(2) 탈분극

분극상태의 뉴런이 역치 이상의 자극을 받으면 Na^+ 통로가 열리면서 Na^+이 세포막 안쪽으로 확산되어 들어오므로 세포 바깥쪽은 음(-) 전하, 안쪽은 양(+) 전하를 띠게 된다(활동 전위).

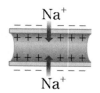

(3) 재분극

탈분극이 진행되었던 부위에서는 Na^+ 통로가 닫히고 K^+ 통로가 열리면서 K^+이 세포막 바깥쪽으로 확산되어 나가므로 세포 바깥쪽은 양(+) 전하, 안쪽은 음(-) 전하를 띠게 된다.

- Na^+-K^+펌프(나트륨-칼륨펌프) : ATP를 사용하는 능동수송의 대표적인 예로, Na^+은 세포막 바깥쪽으로 능동수송시켜 내보내고, K^+은 세포막 안쪽으로 능동수송시킨다.
- Na^+ 통로 : 에너지를 이용하지 않고 Na^+을 세포 안쪽으로 확산에 의해 투과시킨다.
- K^+ 통로 : 에너지를 이용하지 않고 K^+을 세포 바깥쪽으로 확산에 의해 투과시킨다.

5 흥분의 전도와 막전위의 변화

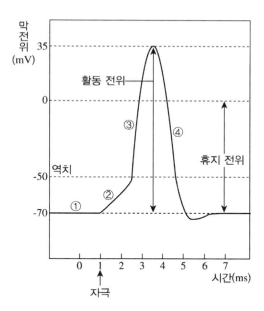

용어 해설

• 전위 : 전기적 위치에너지
• 막전위 : 뉴런의 세포막을 경계로 나타나는 세포 안과 밖의 전위 차이
• 역치 : 반응을 일으키는 데 필요한 최소한의 자극의 세기

① 분극(휴지 전위, -70mV) : Na^+-K^+펌프의 작용

②, ③ 탈분극(활동 전위, 105mV) : Na^+ 통로 열림(Na^+의 유입)

④ 재분극 : K^+ 통로 열림(K^+의 유출)

Tip

활동전위의 크기와 빈도수

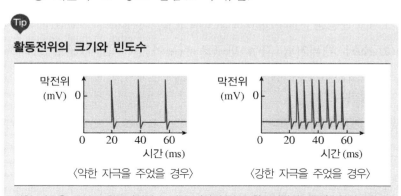

강한 자극을 주어도 활동전위의 크기는 변하지 않고 활동전위의 빈도수가 많아진다.

1 **뇌** : 대뇌, 소뇌, 간뇌, 중뇌, 연수

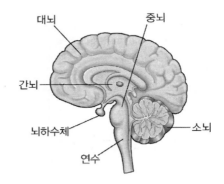

(1) **대뇌** : 좌반구와 우반구로 구분된다.

　① **감각령** : 시각, 청각, 후각, 미각, 피부 감각

　② **연합령** : 기억, 판단 등 정신 작용 중추

　③ **운동령** : 수의 운동 조절(수의 운동 : 의지대로 할 수 있는 운동)

(2) **소뇌** : 대뇌처럼 좌우 반구로 나누어진다. 몸의 균형 유지를 담당하며, 대뇌와 함께 수의 운동이 정확하게 일어나도록 조절한다.

(3) **간뇌** : 시상과 시상하부로 구성되며 시상하부 아래 뇌하수체가 있다.

　① **시상** : 구심성 뉴런이 일단 모이는 곳

　② **시상하부** : 물질대사와 항상성 유지를 담당

(4) **중뇌** : 안구 운동, 홍채 조절 등 동공 반사의 중추이다.

(5) **연수** : 대뇌에서 나온 신경의 교차가 일어나는 곳이다.

　① 소화, 심장 박동, 호흡 등 생명 현상과 직결

　② 머리 부분의 반사 중추(눈물 분비, 침 분비, 재채기, 하품)

2 척수

(1) 신경 흥분의 전달

(2) 머리를 제외한 부분의 반사 중추(무릎 반사)

(3) 척수의 각 마디에서 배 쪽으로는 원심성 뉴런 다발이 나와 전근을 이루고, 등 쪽으로는 구심성 뉴런 다발이 연결되어 후근을 이룬다.

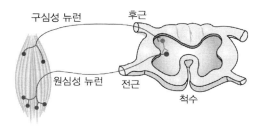

01 그림은 뇌의 종단면을 나타낸 것이다. 이에 대한 설명으로 옳지 않은 것은?

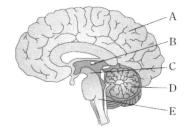

① A는 좌반구와 우반구로 나누어진다.

② B는 체온 조절, 자율 신경계의 조절 중추이다.

③ C는 소화 운동, 심장 박동, 호흡 조절 중추이다.

④ D는 좌반구와 우반구로 나누어진다.

⑤ E에서 척수로부터 대뇌로 오는 대부분의 신경이 교차된다.

해설 A : 대뇌, B : 간뇌, C : 중뇌, D : 소뇌, E : 연수
소화 운동, 심장 박동, 호흡 조절 중추는 연수이다. **정답** ③

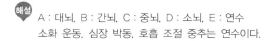

확인 콕콕콕!

1. (   )는 뇌와 감각기관 및 운동기관을 연결해주는 통로의 역할을 하며, 무릎 반사의 중추이다.

2. 동공 반사의 중추는 (   )이며 눈물 분비, 침 분비와 같은 머리 부분의 반사 중추는 (   )이고, 갑자기 뜨거운 것이 손에 닿았을 때 손을 급하게 떼는 반사 중추는 (   )이다.

3. 척수의 각 마디에서 배 쪽으로는 (   ) 뉴런 다발이 나와 전근을 이루고, 등 쪽으로는 (   ) 뉴런 다발이 연결되어 후근을 이룬다.

❸ 1. 척수
  2. 중뇌, 연수, 척수
  3. 원심성, 구심성

Ⅲ. 동물생리학 **103**

1 체성 신경계

(1) 감각 기관에서 수용된 자극을 중추로 보내는 감각 신경(구심성 신경)과 중추의 명령을 골격근으로 전달하는 운동 신경(원심성 신경)으로 구성되어 있으며, 감각 기관과 중추 또는 중추와 골격근 사이는 하나의 뉴런으로 연결되어 있다.

(2) 체성 신경계는 대부분 대뇌의 지배를 받기 때문에 주로 인간의 의지대로 움직이는 반응에 관계한다.

2 자율 신경계

대뇌의 직접적인 영향을 받지 않고 자율적으로 조절 작용을 하는 신경계로 두 개의 뉴런으로 구성된 원심성 신경이다.

(1) **교감 신경**

① 절전 뉴런(시냅스 전 뉴런)이 짧고 절후 뉴런(시냅스 후 뉴런)이 길다.

② 절전 뉴런 말단에서는 아세틸콜린, 절후 뉴런 말단에서는 아드레날린(=에피네프린)이 분비된다.

③ 교감 신경은 흥분하거나 긴장할 경우 작용한다.

(2) **부교감 신경**

① 절전 뉴런이 길고 절후 뉴런이 짧다.

② 절전 뉴런과 절후 뉴런 말단에서 모두 아세틸콜린이 분비된다.

③ 부교감 신경은 휴식과 같이 지속적이고 안정된 상태에서 작용한다.

01 다음 그림의 a, b, c, d에서 분비되는 화학 물질을 쓰시오.

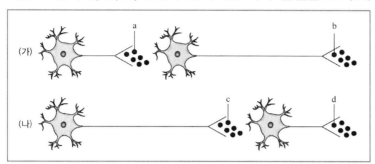

 (개)는 절전 뉴런이 짧고 절후 뉴런이 긴 교감 신경이다. 따라서 절전 뉴런 말단 a에서는 아세틸콜린, 절후 뉴런 말단 b에서는 아드레날린(에피네프린)이 분비된다. (나)는 절전 뉴런이 길고 절후 뉴런이 짧은 부교감 신경이다. 따라서 절전 뉴런 말단 c와 절후 뉴런 말단 d에서 모두 아세틸콜린이 분비된다.

정답 a, c, d−아세틸콜린   b−아드레날린(에피네프린)

Tip

자율 신경의 작용
특정 내장 기관에 작용하여 한쪽이 작용을 촉진하면 다른 쪽은 작용을 억제한다. 이와 같이 서로 반대되는 작용을 하여 내장 기관의 작용을 조절하는 것을 길항 작용이라 한다.

	교감 신경	부교감 신경
① 눈동자	확대	축소
② 침 분비	억제	촉진
③ 호흡	촉진	억제
④ 혈압	상승	하강
⑤ 심장의 박동	촉진	억제
⑥ 소화	억제	촉진
⑦ 방광	확장	수축

THEME 051 | 호르몬

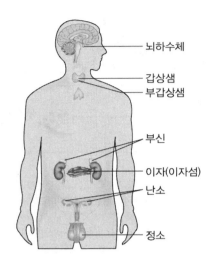

1 분비샘

(1) **외분비샘** : 일정한 분비관을 통해 물질이 조직 밖으로 나간다.
　　예 땀샘, 침샘, 소화샘(이자, 위샘), 젖샘 등

(2) **내분비샘** : 분비관이 없어서 호르몬이 혈관으로 분비되어 혈액을 따라 표적 기관으로 이동한다.
　　예 호르몬 분비샘

2 사람의 내분비샘과 호르몬

(1) **뇌하수체**

　① 전엽

생장 호르몬(GH)	생장 촉진
갑상샘 자극 호르몬(TSH)	갑상샘 호르몬의 분비 촉진
부신겉질 자극 호르몬(ACTH)	부신겉질 호르몬의 분비 촉진
여포 자극 호르몬(FSH)	여포 성숙
황체 형성 호르몬(LH)	배란 촉진
프로락틴(PRL)	젖 생성 촉진

② 후엽

바소프레신 (ADH = 혈압 상승 호르몬, 항이뇨 호르몬)	콩팥에서 수분의 재흡수를 촉진시켜 오줌의 양 감소, 혈압 상승
옥시토신(자궁 수축 호르몬)	자궁 수축, 분만 촉진

(2) 갑상샘

티록신(아이오딘 함유)	물질대사(세포 호흡) 촉진
칼시토닌	혈액의 Ca^{2+} 농도 감소

(3) 부갑상샘

파라토르몬	혈액의 Ca^{2+} 농도 증가

(4) 부신

① 부신겉질

무기질 코르티코이드 (알도스테론)	세뇨관에서 Na^+의 재흡수 촉진
당질 코르티코이드(코티솔)	단백질, 지방 → 포도당(혈당량 증가)

② 부신속질

아드레날린(에피네프린)	글리코젠 → 포도당(혈당량 증가)

(5) 이자(이자섬)

글루카곤(α 세포)	글리코젠 → 포도당(혈당량 증가)
인슐린(β 세포)	포도당 → 글리코젠(혈당량 감소)

(6) 생식샘

① 정소($\male$)

테스토스테론	남성의 2차 성징, 정자 형성 촉진

② 난소($\female$)

에스트로젠(= 여포 호르몬)	여성의 2차 성징
프로게스테론(= 황체 호르몬)	배란 억제, 임신 지속

✎ 확인 콕콕콕!

1. 뇌하수체 후엽에서는 콩팥에서 작용하는 (　)과 자궁에서 작용하는 (　)이 분비된다.
2. 갑상샘에서는 물질대사를 촉진하는 (　)과 혈중 Ca^{2+} 농도를 감소시키는 (　)이 분비된다.
3. 혈당량을 증가시키는 호르몬으로는 이자에서 분비되는 (　)과 부신속질에서 분비되는 (　), 그리고 부신겉질에서 분비되는 (　)가 있다.
4. 정소에서 생성되는 호르몬은 (　)이며, 난소에서 생성되는 호르몬은 (　)과 (　)이 있다.

🔒 1. 바소프레신, 옥시토신
2. 티록신, 칼시토닌
3. 글루카곤, 아드레날린, 당질 코르티코이드
4. 테스토스테론, 에스트로젠, 프로게스테론

확인 콕콕콕!

1. 정원세포는 ( ) 분열을 통해 증식하며, 제1 정모세포로부터 정자가 생성될 때는 ( ) 분열이 일어난다.
2. 제1 정모세포의 핵상은 ( )이고, 제2 정모세포의 핵상은 ( )이다.

정자의 형성 과정(균등 분열)

1 **증식** : 정원세포(2n)는 체세포 분열을 통해 수많은 정원세포(2n)를 만든다.

2 **성숙** : 정원세포는 DNA 복제기를 거쳐 제1 정모세포(2n)로 된다.

3 **감수 1분열(2n → n)** : 제1 정모세포(2n)가 2개의 제2 정모세포(n)로 된다.

4 **감수 2분열(n → n)** : 2개의 제2 정모세포(n)가 4개의 정세포(n)로 된다.

5 **분화** : 정세포(n)는 세포질의 대부분이 없어지고 편모를 가진 정자(n)로 된다.

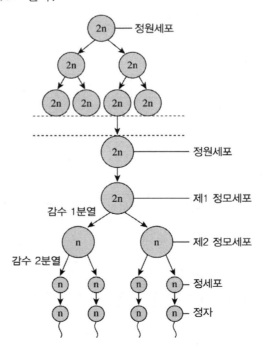

> 1. 체세포, 감수
> 2. 2n, n

053 | 난자의 형성

난자의 형성(불균등 분열)

1 증식 : 난원세포(2n)는 체세포 분열을 통해 수많은 난원세포(2n)를 만든다.

2 성숙 : 난원세포(2n)는 DNA가 복제되어 제1 난모세포로 된다.

3 감수 1분열(2n → n) : 제1 난모세포(2n)는 제2 난모세포(n)와 제1 극체(n)로 된다.

4 감수 2분열(n → n) : 제2 난모세포(n)는 1개의 난세포(n)와 1개의 제2 극체(n)로 되고, 제1 극체(n)는 2개의 제2 극체(n)로 된다. 제2 극체는 난세포에 비해 세포질의 양이 매우 적을 뿐이고 염색체 수와 DNA 양은 난세포와 같다.

5 분화 : 난세포는 난자(n)로 성숙하고 3개의 제2 극체는 퇴화된다.

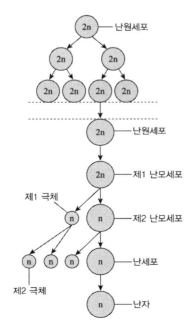

확인 콕콕콕!

1. 난소에서 분비되어 여성의 생식 주기에 관여하는 호르몬은 (   )과 (   )이다.
2. 여포를 자극하여 여포가 성숙되도록 하는 호르몬은 (   )이다.
3. 에스트로젠은 (   )에서 분비되어 (   )을 두껍게 만든다.
4. 뇌하수체 전엽에서 분비되는 (   )에 의해 성숙한 여포가 파열되어 배란이 일어나면 남아있는 여포 조직이 (   )를 형성한다.
5. (   )에서 분비되는 프로제스테론은 (   )의 분비를 억제하여 새로운 여포의 성숙을 막고, (   )의 분비를 억제하여 (   )이 일어나지 않도록 한다.

1 증식기(약 9일간)

(1) 여포에서 에스트로젠이 분비되어 자궁 내벽을 두껍게 비후시킨다.

(2) 에스트로젠

① 자궁 내벽을 두껍게 비후시킨다.

② 낮은 농도에서 FSH와 LH의 분비를 억제해서 다른 여포의 성숙을 막는다.

③ 높은 농도에서 FSH와 LH의 분비를 촉진한다.

2 배란

LH에 의해 성숙한 여포가 파열되고 배란이 일어난다. 배란은 월경이 시작된 후 약 14일경에 일어난다.

3 분비기(약 14일간)

(1) 배란 후 난소에 남아있는 여포 조직이 분비샘 구조인 황체를 형성하고, 황체에서 에스트로젠과 프로제스테론이 분비된다.

(2) 프로제스테론

① 자궁 내막을 더욱 두껍게 유지하고 자궁 내막 분비샘에서 영양분이 들어 있는 액체를 분비하여 착상된 배아를 유지할 수 있도록 한다.

② 뇌하수체에 작용하여 FSH와 LH의 분비를 억제하여 새로운 여포의 성숙과 배란을 막는다.

정답 1. 에스트로젠, 프로제스테론
2. FSH
3. 여포, 자궁벽
4. LH, 황체
5. 황체, FSH, LH, 배란

4 월경기(약 5일간)

(1) 배란된 난자가 수정되지 않으면 황체는 퇴화되고 프로제스테론의 분비량이 감소하면서 두꺼워졌던 자궁 내벽이 파열되어 체외로 배출된다(월경).

(2) 뇌하수체 전엽에서 다시 FSH가 분비되어 새로운 여포가 성숙되기 시작한다.

(3) 만약 배란된 난자가 수정되어 수정란이 자궁 내벽에 착상하면 황체가 계속 유지되어 에스트로젠과 프로제스테론을 분비함으로써 임신을 유지한다.

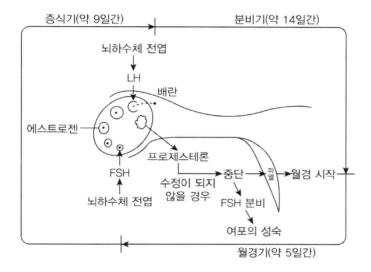

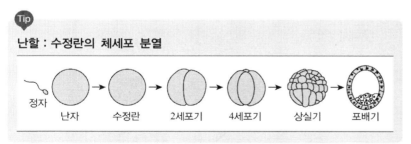

Tip
난할 : 수정란의 체세포 분열

정자 → 난자 → 수정란 → 2세포기 → 4세포기 → 상실기 → 포배기

✎ **확인 콕콕콕!**

1. 여성의 생식 주기는 ( )→( )→배란→( )순으로 반복된다.
2. 프로제스테론의 분비량이 감소하면 ( )이 일어난다.

❻ 1. 월경기, 증식기, 분비기
   2. 월경

THEME
055 | 생태학

1 생태계의 구성

(1) **생산자** : 빛에너지를 이용하여 무기물로부터 유기물을 합성하는 생물(독립영양 생물)

(2) **소비자** : 유기물을 섭취하여 살아가는 생물(1차 소비자 – 초식 동물, 2차 소비자 이상 – 육식 동물)

(3) **분해자** : 생물의 사체나 배설물에 포함된 유기물을 분해하는 생물(세균, 곰팡이)

(4) **무기환경** : 빛, 온도, 공기, 물

2 생태계 구성요소 간의 관계

(1) **작용** : 환경 요인이 생물에 영향을 주는 것

(2) **반작용** : 생물이 환경 요인에 영향을 주는 것

(3) **상호 작용** : 생물과 생물 사이에 서로 영향을 주고받는 것

3 개체군 : 동일한 생태계 내에서 생활하는 같은 종의 무리

(1) **생존곡선** : 시간 경과에 따른 생존 개체수의 변화를 그래프로 나타낸 것

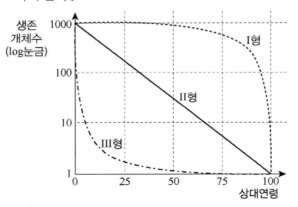

〈세 가지 유형의 생존곡선〉

(2) **생장곡선** : 시간이 흐를수록 증가하는 개체수를 그래프로 나타낸 것을 개체군의 생장곡선이라 한다.

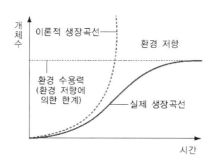

❖ 실제 생장곡선이 S자형이 되는 이유 – 환경저항
① 개체군의 증가로 생활공간 감소
② 개체군의 증가로 먹이 부족
③ 배설물의 증가로 생활상의 장애
④ 접촉에 의한 전염병 증가

4 **군집** : 일정한 지역 내에서 생활하는 개체군들의 집단

(1) **공생** : 상호 이익을 주고받거나, 이해 교환
　① 상리 공생 : 두 개체군들이 서로 이익을 얻는 경우
　② 편리 공생 : 한 종의 개체군에게는 이익이 되지만 다른 한 종의 개체군에게는 이익도 손해도 없는 경우

(2) **기생** : 한쪽은 이익(기생자), 다른 쪽은 손해(숙주)

(3) **피식자와 포식자** : 두 종류의 개체군 사이의 먹고 먹히는 관계로서 잡아먹는 쪽을 포식자, 잡아먹히는 쪽을 피식자라고 하며, 포식자를 피식자의 천적이라고 한다.

(4) **경쟁** : 생태적 지위가 비슷한 경우 일어나는 동일한 생활요구 조건에 대한 싸움

5 **천이** : 군집을 이루는 생물의 종류와 수가 환경 변화에 따라 오랜 세월에 걸쳐 서서히 변천되어 가는 과정

6 **생태 피라미드** : 먹이 연쇄를 이루는 각 영양 단계의 개체수와 생물량, 에너지량을 하위 영양 단계부터 상위 단계까지 나타낸 것

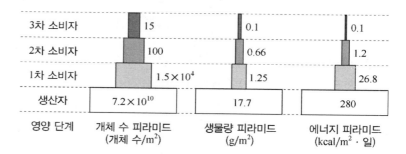

영양 단계	개체 수 피라미드 (개체 수/m²)	생물량 피라미드 (g/m²)	에너지 피라미드 (kcal/m² · 일)
3차 소비자	15	0.1	0.1
2차 소비자	100	0.66	1.2
1차 소비자	1.5×10^4	1.25	26.8
생산자	7.2×10^{10}	17.7	280

7 **먹이 연쇄(먹이 사슬)** : 생물 상호 간의 먹고 먹히는 관계를 연속적으로 연결한 것

예 벼 → 메뚜기 → 개구리 → 뱀

8 **생물 농축** : 중금속이나 농약의 성분이 자연 생태계에서 분해되지 않고 먹이 연쇄에 의해서 상위 영양 단계로 갈수록 많이 농축되어 상위 단계의 생물에게 치명적인 영향을 미친다.

9 **수질 오염 측정**

① 생물학적 산소요구량(BOD ; biological oxygen demand) : 물 속의 유기물이 호기성세균에 의해서 분해될 때 소비되는 산소의 양을 ppm으로 나타낸 값(5일 후 측정)
   ❖ 1ppm = 1/100만

② 용존 산소량(DO ; dissolved oxygen) : 물 1L 속에 녹아 있는 산소의 양을 ppm으로 나타낸 값
   ❖ 오염된 물일수록 BOD는 크고 DO는 작다.

10 생물 다양성

(1) **유전적 다양성** : 같은 종의 개체라도 개체마다 지니고 있는 유전자 염기 서열에 변이가 있을 수 있다. 이러한 개체 사이 유전자 변이의 빈도가 높을수록 유전적 다양성이 증가한다. 유전적 다양성이 높은 종일수록 환경 조건이 급격히 변할 때 살아남을 수 있는 생존율이 높다.

(2) **종 다양성** : 생태계에 얼마나 많은 생물 종이 균등하게 분포하여 살고 있는가를 나타낸 것이다. 종 다양성은 단순히 종의 수가 많다고 해서 높은 것이 아니라 일정 지역에 다양한 종류의 종이 고르게 분포해야 종 다양성이 높다고 할 수 있다. 종 다양성이 높을 경우 멸종 가능성이 낮아져 생태계의 안정성이 높아진다.

(3) **생태계 다양성** : 특정 지역에 존재하는 생태계의 다양함을 의미한다. 생태계의 종류에는 사막, 습지, 산, 호수, 강, 농경지 등이 있다. 생태계가 다양할수록 생태계에 서식하는 생물 종의 다양성이 높아진다.

〈유전적 다양성〉

〈종 다양성〉

〈생태계 다양성〉

 Tip

생물 다양성이 높은 경우 먹이사슬이 복잡해져 몇몇 종이 사라져도 생태계의 균형이 쉽게 파괴되지 않는다.

OX 퀴즈

1. 생물군집에서 종의 수가 많고 종의 비율이 고를수록 종 다양성이 높다. ( )

확인 콕콕콕!

1. 생물 다양성에는 ( ) 다양성, ( ) 다양성 ( ) 다양성이 있다.
2. 한 종의 생물에서도 개체간의 형질이 서로 다른 것은 ( ) 다양성 때문이다.

🅐 1. ◯
🅐 1. 유전적, 종, 생태계
   2. 유전적

1 세포 호흡은 유기영양소가 분해되어 에너지가 발생되는 반응으로 발생된 에너지는 생활 활동에 이용된다.

2 세포 호흡의 과정은 해당 과정, TCA 회로, 산화적 인산화의 세 단계에 걸쳐 이루어진다.

① 해당 과정 : 1분자의 포도당($C_6H_{12}O_6$)이 2분자의 피루브산 ($C_3H_4O_3$)으로 분해되는 과정으로 세포질에서 일어난다.

② TCA 회로 : 해당 과정에서 생성된 피루브산이 이산화탄소와 수소로 분해되는 과정으로 미토콘드리아 기질에서 일어난다.

③ 산화적 인산화 : 해당 과정과 TCA 회로에서 생성된 H가 지니고 있던 전자가 여러 가지 전자 전달계를 거치면서 산소와 결합하여 물이 생성되는 과정으로 미토콘드리아 내막에서 일어난다.

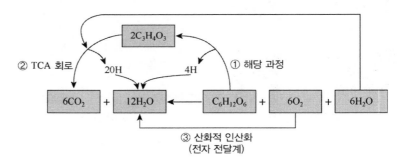

3 호흡 효소

탈수소 효소	호흡 기질로부터 수소를 떼어내어 기질을 산화시키는 효소	조효소 : NAD^+, FAD
전자전달 효소	전자 운반에 관여하는 효소 (사이토크롬, b, c, a, a_3)	보결족 : Fe
탈탄산 효소	카복시기를 갖는 유기산으로부터 CO_2를 떼어내는 효소	

4 제1단계(해당 과정) : 세포질에서 일어난다.

(1) 1분자의 포도당($C_6H_{12}O_6$)이 2분자의 피루브산($C_3H_4O_3$)으로 분해되는 과정이다.

(2) $C_6H_{12}O_6 \rightarrow 2C_3H_4O_3 + 4H(2NADH + 2H^+) + 2ATP$

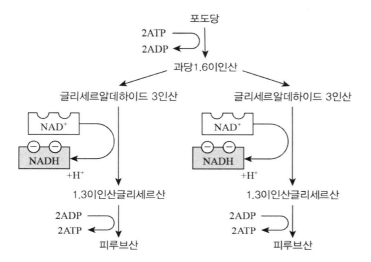

1분자의 포도당이 2분자의 피루브산으로 분해될 때 2분자의 ATP가 소모되고(흡열 반응) 4분자의 ATP가 생성되므로(발열 반응) 결과적으로 해당 과정을 통해서 2ATP를 얻을 수 있다(기질 수준 인산화).

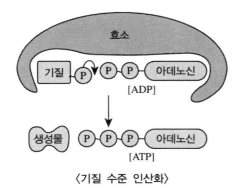

〈기질 수준 인산화〉

Tip

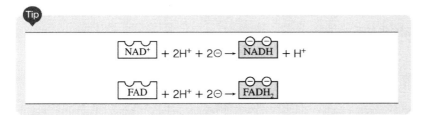

057 | 세포 호흡의 TCA 회로

용어 해설

- 시트르산＝구연산＝레몬산
- 석신산＝호박산
- 말산＝사과산＝능금산

개정된 용어

- 활성아세트산 → 아세틸 CoA
- 숙신산 → 석신산

확인 콕콕콕!

1. TCA 회로는 미토콘드리아의 ( )에서 일어난다.
2. 피루브산이 아세틸 CoA로 된 후 아세틸 CoA는 ( )과 결합하여 TCA 회로의 최초 생성물인( )이 된다.
3. TCA 회로에서 ATP가 생성되는 단계는 ( )이 ( )으로 될 때이다.
4. TCA 회로에서 $FADH_2$가 생성되는 단계는 ( )이 ( )으로 될 때이다.
5. 1분자의 피루브산이 미토콘드리아에서 TCA 회로를 거치게 되면 ( )분자의 CO_2, ( )분자의 $NADH+H^+$, ( )분자의 $FADH_2$, 기질 수준 인산화에 의해 ( )분자의 ATP가 생성된다.

제2단계(TCA 회로, 시트르산 회로) : 미토콘드리아 기질에서 일어난다.

1 해당 과정에서 생성된 피루브산이 이산화탄소와 수소로 분해되는 과정으로 기질 수준 인산화에 의해 2ATP가 생성된다.

2 $2C_3H_4O_3 + 6H_2O \rightarrow 6CO_2 + 20H(8NADH + 8H^+ + 2FADH_2) + 2ATP$

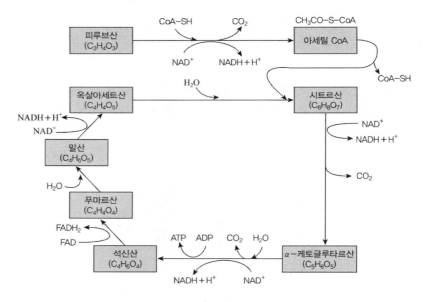

1분자의 피루브산이 TCA 회로를 거치면 CO_2 3분자, $NADH+H^+$ 4분자, $FADH_2$ 1분자, ATP 1분자가 생성된다. 포도당 1분자를 완전히 산화시키기 위해서는 TCA 회로가 2번 진행되어야 하므로 6분자의 CO_2, 8분자의 $NADH+H^+$, 2분자의 $FADH_2$, 2분자의 ATP가 생성된다.

답 1. 기질
   2. 옥살아세트산, 시트르산
   3. α-케토글루타르산, 석신산
   4. 석신산, 푸마르산
   5. 3, 4, 1, 1

3 TCA 회로의 과정

(1) 3탄소 화합물인 피루브산(C_3)으로부터 탈탄산 효소에 의해 CO_2가 방출되고, 탈수소 효소에 의해 NADH가 생성된 후, 조효소 A(CoA ; coenzymeA)와 결합하여 2탄소 화합물인 아세틸 CoA가 된다.

(2) 아세틸 CoA는 미토콘드리아에 있는 옥살아세트산(C_4)과 결합하여 시트르산(C_6)이 된다.

(3) 시트르산은 탈탄산 효소에 의해 CO_2가 방출되고, 탈수소 효소에 의해 NADH가 생성된 후 α-케토글루타르산(C_5)으로 된다.

(4) α-케토글루타르산(C_5)은 탈탄산 효소에 의해 CO_2가 방출되고, 탈수소 효소에 의해 NADH가 생성된 후 석신산(C_4)으로 된다. 이때 ADP와 인산이 결합하여 ATP가 생성된다(기질 수준 인산화).

(5) 석신산은 탈수소 효소의 작용으로 $FADH_2$를 생성하면서 푸마르산(C_4)이 된다.

(6) 푸마르산은 H_2O과 결합하여 말산(C_4)이 된다.

(7) 말산은 탈수소 효소의 작용으로 NADH를 생성하면서 옥살아세트산이 된다. 이 옥살아세트산은 다시 아세틸 CoA와 결합하여 시트르산을 생성한다.

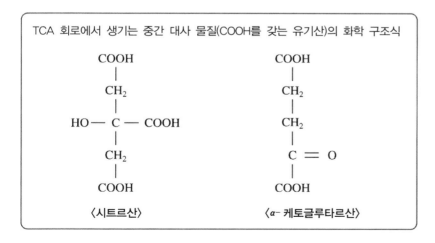

TCA 회로에서 생기는 중간 대사 물질(COOH를 갖는 유기산)의 화학 구조식

〈시트르산〉 〈α-케토글루타르산〉

THEME
058 | 세포 호흡의 산화적 인산화

개정된 용어

• 막간 공간 → 막 사이 공간

확인 콕콕콕!

1. 산화적 인산화는 미토콘드리아의 (　)에서 일어난다.
2. 해당 과정에서 생성된 NADH+H⁺, TCA 회로에서 생성된 NADH+H⁺와 FADH₂는 전자 전달계에서 NAD⁺와 FAD로 (　)된다.
3. 전자 전달계에 고에너지 (　)를 공급하는 NADH+H⁺는 (　)과 TCA 회로에서 유래하고, FADH₂는 (　)에서 유래한다.
4. 산화적 인산화에서 전자의 최종 수용체는 (　)이고, H⁺와 결합하여 (　)을 생성한다.
5. 산화적 인산화에서 물질이 산소를 얻거나, 수소를 잃거나, 전자를 잃는 것을 (　)라 하고, 산소를 잃거나, 수소를 얻거나, 전자를 얻는 것을 (　)라 한다.

제3단계(산화적 인산화) : 미토콘드리아 내막에서 일어난다.

1 해당 과정과 TCA 회로에서 생성된 NADH와 FADH₂가 지니고 있던 전자가 여러 가지 전자 전달계를 거치면서 전자전달 효소들의 산화 환원 반응에 의해 산소와 결합하여 물이 생성되는 과정으로 산화적 인산화에 의해 34ATP가 생성된다.

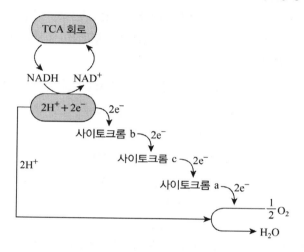

(1) 전자가 이동할 때 전자가 가진 에너지 준위(보유량)는 점점 감소한다(에너지량 : NADH, FADH₂ > 사이토크롬 b > 사이토크롬 c > 사이토크롬 a > 사이토크롬 a₃).

(2) 전자가 이동할 때 전자 친화력은 커진다.

(3) 전자는 전자 친화력이 작은 물질에서 전자 친화력이 큰 물질로 이동한다(전자 친화력 : NAD⁺, FAD < 사이토크롬 b < 사이토크롬 c < 사이토크롬 a < 사이토크롬 a₃ < O₂).

따라서 전자 친화력이 가장 큰 물질은 산소이므로 산화적 인산화에서 전자의 최종 수용체는 산소(O_2)이다.

2 $24H + 6O_2 \rightarrow 12H_2O + 34ATP$

정답
1. 내막
2. 산화
3. 전자, 해당 과정, TCA 회로
4. 산소, 물
5. 산화, 환원

3 산화적 인산화에서 화학 삼투에 의한 ATP 합성

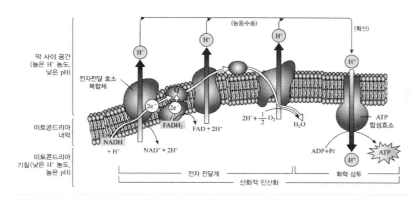

미토콘드리아 내막에는 전자 전달계가 위치하고 있어 고에너지 전자가 전자 전달계를 이동하는 사이 에너지가 방출되어 미토콘드리아 기질에서 막 사이 공간으로 H^+를 들여보낸다(능동 수송). 따라서 막 사이 공간에는 H^+의 농도가 높아 H^+ 농도 경사가 생기며, H^+의 농도 기울기에 의해 H^+이 막 사이 공간에서 미토콘드리아 기질로 ATP 합성효소가 포함된 통로를 통해 돌아올 때(확산) ATP 합성효소가 활성화되어 ATP가 합성된다. 이와 같이 막을 사이에 두고 수소 이온(H^+)의 농도 기울기에 의해 ATP가 합성되는 과정을 화학 삼투라고 한다.

4 NADH + H^+와 FADH$_2$에 의한 ATP 생성

(1) NADH + H^+ 1분자에서 생성되는 H_2O 1분자당 3ATP가 생성

(2) FADH$_2$ 1분자에서 생성되는 H_2O 1분자당 2ATP가 생성

확인 콕콕콕!

1. 1분자의 포도당이 완전 분해되면 해당 과정에서 (　)분자의 ATP, TCA 회로에서 (　)분자의 ATP, 전자 전달계에서 (　)분자의 ATP가 생성된다.

2. 포도당 1분자가 세포 호흡에 의해 완전히 분해되기 위해서는 산소가 (　)분자 필요하고, CO_2가 (　)분자, H_2O가 (　)분자 생성된다.

3. 세포 호흡의 세 과정 중에서 기질 수준 인산화에 의해 ATP를 생성하는 과정은 (　)과 (　)이고, 화학 삼투에 의해 ATP를 생성하는 과정은 (　)이다.

4. 생명 활동에 직접 이용되는 에너지 저장 물질은 (　)이다.

5. ATP가 (　)와 인산으로 분해될 때 방출되는 에너지는 물질 합성, 물질 운반, 근육 운동 등과 같은 다양한 (　)에 이용된다.

1 해당 과정

포도당이 피루브산으로 분해될 때 2ATP를 이용하고 효소의 작용으로 호흡 기질에서 이탈된 인산기가 ADP와 결합하여 4ATP가 생성되므로 결과적으로 2ATP가 생성된다(기질 수준 인산화).

2 TCA 회로

α-케토글루타르산이 석신산으로 전환될 때 효소의 작용으로 α-케토글루타르산에서 이탈된 인산기가 ADP와 결합하여 ATP가 생성되는데, TCA 회로가 2번 진행되므로 2ATP가 생성된다(기질 수준 인산화).

3 산화적 인산화

해당 과정에서 생성된 $2NADH + 2H^+$가 전자 전달계를 거치면서 전자 전달 복합체의 산화 환원 반응을 통해 6ATP가 생성되고, TCA 회로에서 생성된 $8NADH + 8H^+$가 전자 전달계를 거치면서 전자 전달 복합체의 산화 환원 반응을 통해 24ATP가 생성되며, $2FADH^+$가 전자 전달계를 거치면서 전자 전달 복합체의 산화 환원 반응을 통해 4ATP가 생성되므로 산화적 인산화에서 모두 34ATP가 생성된다.

---

① 해당 과정　　　　　　　　　　　　　　　　　　　2ATP
② TCA 회로　　　　　　　　　　　　　　　　　　　2ATP
③ 산화적 인산화 ┌ 해당 ─ $2NADH + 2H^+ \rightarrow 2H_2O \times 3ATP = 6ATP$ ┐
　　　　　　　　└ TCA ┌ $8NADH + 8H^+ \rightarrow 8H_2O \times 3ATP = 24ATP$ ┤ 34ATP
　　　　　　　　　　　└ $2FADH_2 \quad\quad \rightarrow 2H_2O \times 2ATP = 4ATP$ ┘

$\overline{}$ (+
38ATP

Tip

세포 호흡에서 생성된 ATP의 에너지는 체온 유지, 물질 합성, 근육 운동, 물질의 수송 등 다양한 생명 활동에 이용된다.

⑧ 1. 2, 2, 34
2. 6, 6, 12
3. 해당 과정, TCA 회로, 산화적 인산화
4. ATP
5. ADP, 생명 활동

THEME

060 | 발 효

발효 : 당이 분해되어 일상생활에 유용한 물질로 되는 것으로 산소가 부족하거나 없는 경우 피루브산이 미토콘드리아로 유입되지 못하고 세포질에서 여러 과정을 거쳐 젖산, 에탄올과 같은 물질이 생성된다.

1 알코올 발효

산소가 없는 상태에서 효모가 포도당을 분해하여 에탄올을 만드는 과정으로 세포질에서 일어나며 CO_2가 방출되고 2ATP가 생성된다 (술을 만드는 데 이용된다).

$$C_6H_{12}O_6 \rightarrow 2C_2H_5OH + 2CO_2 + 2ATP$$
(에탄올)

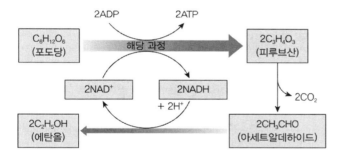

체내로 흡수된 알코올은 간에서 아세트알데하이드와 아세트산 등으로 분해된 후 조직세포에서 이산화탄소와 물로 완전히 분해된다.

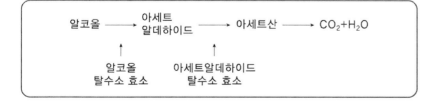

용어 해설

• 알코올 ┬ 에탄올 : 술의 주성분으로 에틸알코올이라고도 한다.
└ 메탄올 : 독성이 있는 공업용 알코올이며 메틸알코올이라고도 한다.

OX 퀴즈

1. 발효는 산소를 필요로 하지 않으며, 유기물이 완전히 분해된다.　　　( )
2. 발효는 미토콘드리아에서 일어난다.　　　( )

확인 콕콕콕!

1. 알코올 발효는 효모에 의해 산소가 없는 상태에서 포도당을 분해하여 (　)을 만드는 과정이다.
2. 1분자의 포도당이 알코올 발효에 의해 분해되면 2분자의 (　) 기체가 발생한다.

Ⓐ 1. ✕　2. ✕
Ⓐ 1. 에탄올
　　2. CO_2

Ⅴ. 세포 호흡과 광합성 **123**

2 젖산 발효

산소가 없는 상태에서 젖산균이 포도당을 분해하여 젖산을 생성하는 과정으로 세포질에서 일어나며 2ATP가 생성된다. 심한 운동을 하는 경우 O_2 공급이 부족해지면 근육에서도 일어난다(김치가 익을 때나 요구르트를 만드는 데 이용된다).

$$C_6H_{12}O_6 \rightarrow 2C_3H_6O_3 + 2ATP$$
(젖산)

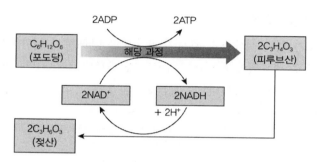

Tip

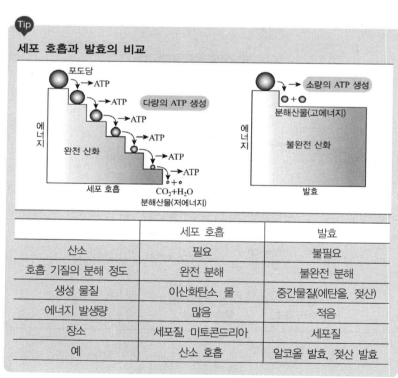

세포 호흡과 발효의 비교

	세포 호흡	발효
산소	필요	불필요
호흡 기질의 분해 정도	완전 분해	불완전 분해
생성 물질	이산화탄소, 물	중간물질(에탄올, 젖산)
에너지 발생량	많음	적음
장소	세포질, 미토콘드리아	세포질
예	산소 호흡	알코올 발효, 젖산 발효

1 엽록체의 막

외막과 내막이 단백질과 인지질로 구성된 2중막으로 싸여 있다.

2 엽록체의 구조

그라나와 스트로마로 되어 있으며, 자체 DNA를 갖고 있어서 세포 내에서 증식이 가능하다.

(1) 그라나(녹색)

틸라코이드 막에 색소, 단백질 복합체인 광계, 전자전달 효소, ATP 합성효소가 있어서 명반응이 일어난다.

(2) 스트로마(무색)

엽록체의 기질 부분으로 DNA를 함유하며 광합성 효소가 있어서 캘빈회로가 일어난다.

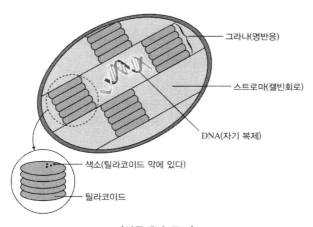

〈엽록체의 구조〉

3 엽록체의 색소

(1) 주색소

반응 중심 색소로서 광합성을 하는 모든 식물에 있다.

- 엽록소 a(청록색)

(2) 보조색소(안테나 색소)

엽록소가 잘 흡수하지 못하는 파장의 빛을 흡수하여 반응 중심 색소인 엽록소 a로 전달해주는 색소이다.

- 엽록소 b(황록색)
- 카로틴(적황색)
- 잔토필(황색)

4 엽록체의 색소 분리 실험(페이퍼 크로마토그래피)

(1) **목적** : 엽록체의 색소 분리

(2) **재료** : 시금치 잎

(3) **추출액** : 메틸알코올 : 아세톤 = 3 : 1

(4) **전개액** : 톨루엔(유기 용매를 사용한다)

(5) **결과** : 전개액이 거름종이를 따라 상승하면서 가장 가벼운 색소인 '카로틴'이 제일 높이 상승하고, 다음으로 '잔토필', '엽록소 a', '엽록소 b'의 순서로 전개된다.

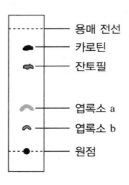

(6) Rf(= 물질 이동률) = $\dfrac{\text{색소의 이동거리}}{\text{전개액의 이동거리}}$

(7) Rf의 값이 가장 큰 색소는 카로틴이다.

062 | 빛의 세기와 광합성

1 광합성

$$6CO_2 + 12H_2O \rightarrow C_6H_{12}O_6 + 6O_2 + 6H_2O$$

2 빛의 세기와 광합성량

(1) 기체의 출입

광합성	$CO_2 \rightarrow O_2$
호흡	$O_2 \rightarrow CO_2$

(2) 광합성량과 호흡량

① 총 광합성량 : 실제로 광합성에 쓰인 CO_2의 양

② 순 광합성량 : 공기 중에서 흡수한 CO_2의 양

③ 호흡량 : 빛의 세기가 0일 때의 CO_2의 방출량

(3) 보상점 : 광합성량과 호흡량이 같을 때 빛의 세기

• 보상점에서는 외부로부터 기체의 출입이 없는 것처럼 보인다.

(4) 광포화점 : 광합성량이 더 이상 증가하지 않을 때 빛의 세기

• 양지식물의 광포화점이 음지식물보다 높다.

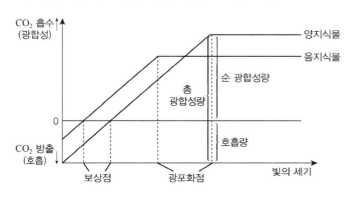

THEME
063 | 빛의 파장과 광합성

용어 해설

• 스펙트럼 : 가시광선이 프리즘을 통과했을 때 파장에 따라 분산되어 나타나는 색깔의 띠
• 광합성 속도=광합성량

확인 콕콕콕!

1. 빛의 파장에 따라 광합성 색소가 빛을 흡수하는 정도를 그래프로 나타낸 것을 ( )이라고 한다.
2. 엽록소는 ( )광과 ( )광의 빛을 가장 잘 흡수한다.
3. 식물의 잎에 빛을 비추면 파장에 따라 광합성 속도가 달라지는 것을 그래프로 나타낸 것을 ( )이라고 한다.
4. 빛의 파장에 따라 광합성 속도가 달라지는데, ( )광과 ( )광에서 광합성 속도가 가장 높게 나타난다.
5. 식물이 녹색을 띠는 이유는 녹색광을 흡수하지 않고 ( )하기 때문이다.

ⓐ 1. 흡수 스펙트럼
2. 청자색, 적색
3. 작용 스펙트럼
4. 청자색, 적색
5. 반사

전자기파는 파장에 따라 가장 짧은 파장을 가진 γ(감마)선에서 가장 긴 파장을 가진 라디오파까지 연속적인 스펙트럼으로 나타낼 수 있다.

햇빛을 프리즘에 통과시켜 보면 햇빛은 빨간색에서 보라색까지 연속적인 색깔의 띠로 나타나는데, 이와 같이 우리 눈으로 볼 수 있는 이 빛을 가시광선이라고 한다.

γ(감마)선	x선	자외선	가시광선	적외선	렌지	TV	라디오

◀── 짧은 파장　　　　　　　　　　　　　　　　　긴 파장 ──▶

1 흡수 스펙트럼

빛의 파장에 따라 광합성 색소가 빛을 흡수하는 정도를 그래프로 나타낸 것이다. 일반적으로 엽록소는 청자색광과 적색광을 잘 흡수하고 녹색광은 거의 흡수하지 않고 반사한다.

2 작용 스펙트럼

식물의 잎에 빛을 비추면 파장에 따라 광합성 속도가 달라지는 것을 그래프로 나타낸 것이다. 식물은 청자색광과 적색광에서 광합성 속도가 가장 높게 나타난다.

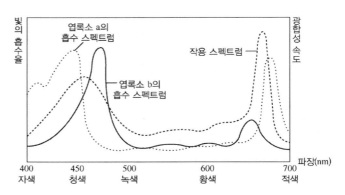

(1) 엽록소 a와 b의 흡수 스펙트럼을 보면 청자색광과 적색광에서 빛의 흡수율이 높고, 녹색광에서 빛의 흡수율이 낮다.

(2) 작용 스펙트럼을 보면 흡수 스펙트럼과 마찬가지로 청자색광과 적색광에서 광합성 속도가 빠르고, 녹색광에서 광합성 속도가 느리다.

(3) 흡수 스펙트럼과 작용 스펙트럼의 그래프가 거의 일치하는데, 이는 엽록소가 흡수한 파장의 빛에서 광합성이 가장 활발하게 일어난다는 것을 알 수 있다.

(4) 흡수 스펙트럼과 작용 스펙트럼이 정확하게 일치하지 않는 이유는 엽록소가 흡수하지 못하는 파장(500~600nm)의 빛을 흡수하는 다른 색소(카로틴, 잔토필)가 있기 때문이다.

3 엥겔만의 실험

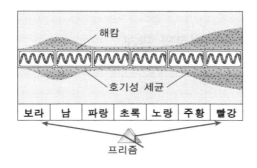

해캄(광합성을 하는 녹조류)과 호기성 세균(산소를 이용하여 살아가는 세균)을 슬라이드글라스 위에 놓고 커버글라스를 덮은 후 암실에 두고 프리즘으로 분광시킨 가시광선을 비추어 주면 호기성 세균은 청자색광과 적색광이 비치는 곳에 많이 모인다. 그 이유는 해캄이 청자색광과 적색광에서 광합성을 왕성하게 하여 산소의 발생이 많아졌기 때문이다.

빛을 필요로 하는 명반응과 빛을 필요로 하지 않는 캘빈회로로 구분된다.

1 명반응

엽록체의 그라나(틸라코이드 막)에서 빛에너지를 이용하여 물이 수소와 산소로 광분해되며 ATP와 NADPH를 생성하는 과정이다.

2 캘빈회로

엽록체의 스트로마에서 명반응의 산물인 ATP와 NADPH를 이용하여 CO_2를 흡수해서 포도당과 물이 생성되는 과정이다.

3 명반응과 캘빈회로의 관계

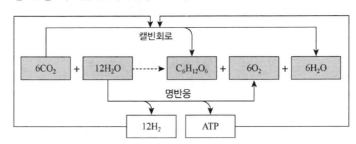

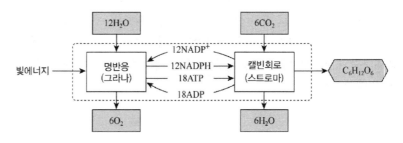

스트로마에서 캘빈회로가 일어나려면 명반응의 산물인 ATP와 NADPH가 필요하므로 명반응이 먼저 일어난 후에 캘빈회로가 일어난다.

캘빈회로가 일어나지 않으면 ADP와 $NADP^+$가 그라나에 공급되지 못하므로 명반응도 계속적으로 진행될 수 없다.

엽록체의 그라나에서 일어나며 물이 수소와 산소로 분해되는 물의 광분해 과정과 ATP를 생성하는 광인산화 과정으로 구분된다.

1 광계

틸라코이드 막에 있는 빛에너지를 흡수하는 반응 중심과 이를 둘러싸고 있는 집광복합체로 구성되어 있다.

(1) **반응 중심** : 엽록소 a와 전자 수용체가 있다.

(2) **집광 복합체** : 엽록소 a, 엽록소 b와 카로틴, 잔토필이 모여 있다.

광계 I	700nm의 파장을 가장 잘 흡수하는 엽록소 a인 P_{700}이 반응 중심 색소
광계 II	680nm의 파장을 가장 잘 흡수하는 엽록소 a인 P_{680}이 반응 중심 색소

• P_{700}과 P_{680} 색소는 동일한 엽록소 a 분자이지만 각각 다른 단백질과 결합하여 엽록소 a 분자의 전자분포가 달라져 빛을 흡수하는 데 미세한 차이가 나타나게 된다.

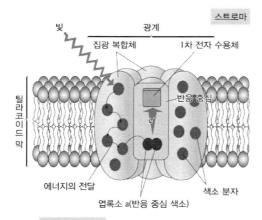

틸라코이드 내부

✎➤ **확인 콕콕콕!**

1. 틸라코이드 막에 있으며 엽록소가 중심이 되고, 여러 가지 안테나 색소와 전자 수용체가 함께 모여 있는 단위체를 (   )라고 한다.
2. 광계 I 의 반응 중심 색소는 (   )이며, (   )nm의 빛을, 광계 II의 반응 중심 색소는 (   )이며, (   )nm의 빛을 가장 잘 흡수한다.

❻ 1. 광계
   2. 엽록소 a, 700,
      엽록소 a, 680

확인 콕콕콕!

1. 엽록체에서 빛에너지에 의해 H_2O가 분해되는 과정을 물의 ( )라고 하며, 물은 H^+, ( ), ( )로 분해된다.
2. 엽록체가 빛에너지를 이용하여 ATP를 합성하는 과정을 ( )라고 한다.
3. 순환적 광인산화에는 광계( )이 관여하며, 생성물은 ( )이다.
4. 비순환적 광인산화에는 물의 광분해과정과 광계( )과 광계( )가 관여하며, 생성물은 ( ), ( ), O_2이다.
5. 비순환적 광인산화에서 전자의 최종 수용체는 ( )이다.
6. 비순환적 광인산화에서 산화된 P_{680}을 환원시키기 위해 필요한 전자는 ( )의 광분해에 의해 얻는다.
7. 비순환적 광인산화에서 ATP는 광계( )에서 광계( )로 고에너지 전자가 이동하는 과정에서, $NADPH+H^+$는 수소 이온과 광계( )에서 방출된 전자가 $NADP^+$와 결합하여 생성된다.

2 광인산화

엽록소가 흡수한 빛에너지를 이용하여 ATP를 합성하는 과정으로, 순환적 광인산화와 비순환적 광인산화가 있다.

(1) 순환적 광인산화(순환적 전자흐름) : 광계 I만 관여하여 ATP를 합성하는 반응이다.

광계 I의 P_{700}이 빛에너지를 받으면 고에너지 전자가 방출되는데, 이 전자는 전자 수용체에 전달된 후 전자 전달계를 거치면서 에너지를 방출하여 ATP를 생성한다. 그리고 에너지를 잃은 전자는 다시 P_{700}으로 되돌아온다.

(2) 비순환적 광인산화(비순환적 전자흐름) : 광계 I과 II가 모두 관여하여 ATP와 $NADPH+H^+$를 생성하는 반응이다. 광계 II의 P_{680}이 빛에너지를 받으면 고에너지 전자가 방출되는데, 이 전자는 전자 수용체에 전달되고 전자 전달계를 거치면서 ATP를 생성한 후 광계 I의 P_{700}으로 전달된다. 광계 I의 P_{700}에서 방출된 전자는 순환적 광인산화와는 달리 방출한 P_{700}으로 되돌아가지 않고 전자 수용체에 전달된 후 전자 전달계를 거쳐서 $NADP^+$로 전달되어 $NADPH+H^+$를 생성한다. 그 결과 P_{700}에 전자가 부족하게 되는데, 이것은 광계 II의 P_{680}에서 방출되어 광계 I으로 전달된 전자에 의해 환원된다. 그리고 광계 II에서 물이 광분해되어 전자와 수소 이온을 생성하고, 산소 기체를 발생시키면서 생성된 전자가 산화된 P_{680}에 전달되어 P_{680}을 다시 원래의 상태로 환원시킨다.

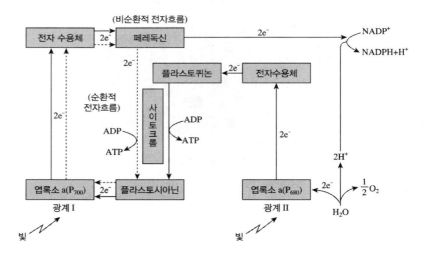

6 1. 광분해, 전자, 산소
   2. 광인산화
   3. I, ATP
   4. I, II, ATP, $NADPH+H^+$
   5. $NADP^+$
   6. 물
   7. II, I, I

순환적 전자흐름	P_{700} → 페레독신 → 사이토크롬 복합체 → 플라스토시아닌 → P_{700}
비순환적 전자흐름	H_2O → P_{680} → 플라스토퀴논 → 사이토크롬 복합체 → 플라스토시아닌 → P_{700} → 페레독신 → $NADP^+$

3 명반응에서의 화학 삼투설에 의한 ATP 합성

(1) 틸라코이드 막에는 전자 전달계가 위치하고 있어 고에너지 전자가 전자 전달계를 이동하는 사이 방출된 에너지에 의해 스트로마에서 틸라코이드 내부로 H^+이 능동 수송된다. 따라서 틸라코이드 내부에는 H^+의 농도가 높아 H^+ 농도 기울기가 형성된다.

(2) H^+의 농도 기울기에 의해 H^+이 틸라코이드 내부에서 스트로마로 확산될 때 ATP 합성효소가 활성화되어 ATP를 생성하게 된다. 이 같은 과정을 화학 삼투라고 한다.

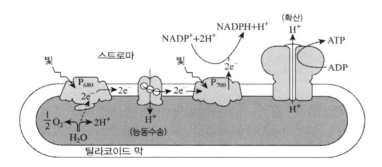

Tip

루벤의 실험 – 광합성 결과 발생하는 산소의 기원을 알아보기 위한 실험

클로렐라에 산소의 동위 원소인 $^{18}O_2$로 표지된 물($H_2^{18}O$)과 보통의 CO_2를 주고 빛을 쪼여 주면 발생하는 산소는 모두 $^{18}O_2$이다. 보통의 물(H_2O)과 산소의 동위 원소인 $^{18}O_2$로 표지된 $C^{18}O_2$를 주고 빛을 쪼여 주면 보통의 산소가 발생하였다. 즉, 광합성에서 발생하는 산소는 물에서 유래되었음을 알 수 있다.

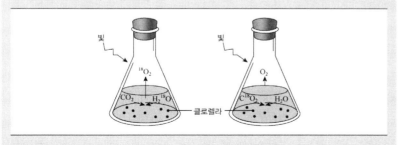

066 | 캘빈회로(암반응)

개정된 용어

• PGA → 3-PG
• DPGA → 1,3DPG
• PGAL → G3P

확인 콕콕콕!

1. 잎으로 흡수된 CO_2는 5탄소 화합물인 RuBP와 결합하여 (   )가 된다.
2. 캘빈회로에서 3-PG는 ATP로부터 고에너지 인산을 받아 (   )가 되고, 이 물질은 NADPH에 의해 환원되어 (   )가 된다.

엽록체의 스트로마에서 일어나고 명반응의 산물인 ATP, NADPH를 이용하며 CO_2를 흡수해서 포도당과 물이 생성되는 과정이다. CO_2의 고정, 3-PG(3-인산글리세르산)의 환원, 포도당 생성과 RuBP(리불로스이인산)의 재생 등 크게 3단계로 진행된다.

RuBP(리불로스이인산)	ⓟ-5탄소화합물-ⓟ
3-PG(3-인산글리세르산)	3탄소화합물-ⓟ
1,3-DPG(1,3-이인산글리세르산)	ⓟ-3탄소화합물-ⓟ
G3P(글리세르알데하이드3인산)	3탄소화합물-ⓟ

1 CO_2의 고정 : CO_2가 RuBP와 결합하여 3-PG가 된다.

$$6CO_2 + 6RuBP \rightarrow 12(3-PG)$$

2 3-PG의 환원 : 3-PG는 명반응에서 생성된 ATP로부터 고에너지 인산을 받아 1,3-이인산글리세르산이 되고, 1,3-이인산글리세르산은 명반응에서 생성된 NADPH에 의해 환원되어 G3P가 된다.

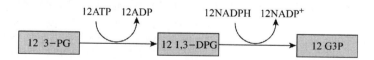

❸ 1. 3-PG
2. 1,3-DPG, G3P

3 **포도당 생성과 RuBP의 재생** : G3P의 일부가 과당 이인산으로 되었다가 포도당($C_6H_{12}O_6$)으로 합성되고, 나머지는 RuBP로 재생된다.

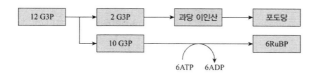

4 **캘빈회로**

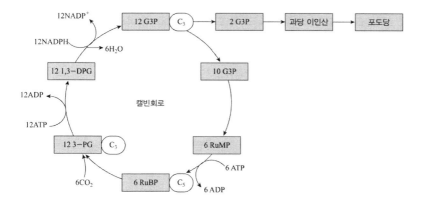

OX 퀴즈

1. 광합성에서는 CO_2가 포도당으로 환원되고 호흡에서는 포도당이 CO_2로 산화된다. (   )
2. 광인산화와 산화적 인산화는 모두 화학 삼투와 연계되어 일어난다. (   )

확인 콕콕콕!

1. 캘빈회로에서 생성된 G3P의 일부는 (   )을 합성하는 데 쓰이고, 나머지는 (   )로 재생된다.
2. 캘빈회로에서 CO_2가 고정되어 포도당이 합성되는 순서는 (   ) → 1,3-DPG → (   ) → 포도당 순이다.
3. 캘빈회로는 명반응의 산물인 (   )와 (   )를 이용하여 이산화탄소를 (   )시켜 (   )을 합성하는 과정이다.
4. 캘빈회로에서 1분자의 포도당을 합성하는 데 (   )분자의 CO_2가 고정된다.
5. 캘빈회로에서 1분자의 포도당을 생성하기 위해서는 (   )개의 ATP 분자, (   )개의 NADPH 분자를 사용한다.
6. 광합성 전체 과정은 동화 작용으로 에너지를 흡수하는 (   ) 반응이다.
7. 명반응은 빛에너지를 (   )와 (   )의 화학에너지로 전환시키는 과정이고, 캘빈회로는 명반응에서 생긴 화학 에너지를 (   ) 속의 화학 에너지로 전환시키는 과정이다.

ⓐ 1. ○   2. ○
ⓑ 1. 포도당, RuBP
    2. 3-PG, G3P
    3. ATP, NADPH, 환원, 포도당
    4. 6
    5. 18, 12
    6. 흡열
    7. ATP, NADPH, 포도당

엽록체와 미토콘드리아에서의 ATP 생성 비교

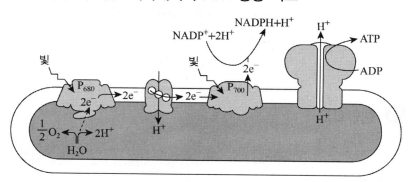

(가) **엽록체에서 ATP 생성**

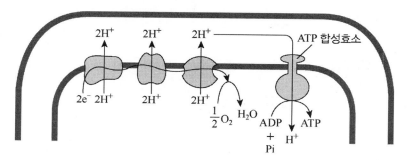

(나) **미토콘드리아에서 에서 ATP 생성**

① (가)는 틸라코이드 막에서 일어나는 반응이다.

② (나)는 미토콘드리아 내막에서 일어나는 반응이다.

③ (가)에서 전자는 P_{700}, P_{680}, H_2O에서, (나)에서 전자는 NADH, $FADH_2$에서 나온다.

④ (가)에서 전자의 최종 수용체는 $NADP^+$이고, (나)에서 전자의 최종 수용체는 O_2이다.

⑤ (가)와 (나)에서 ATP는 막을 경계로 하여 형성된 H^+의 농도 기울기에 의해 생성된다.

067 | 질소동화 작용

토양 속의 무기질소화합물을 이용해서 단백질을 합성하는 작용이다.

1 토양 속의 무기질소화합물 흡수

질산염(NO_3^-)이나 암모늄염(NH_4^+)의 상태로 흡수

2 질산의 환원

NH_4^+은 그대로 아미노산 합성에 이용되지만 NO_3^-은 NH_4^+으로 환원된 후 아미노산 합성에 이용된다.

3 아미노산(글루탐산) 생성

NH_4^+은 광합성 결과 생긴 당이 분해된 유기산(α-케토글루타르산)에서 카복시기(COOH)를 받아 질소동화 과정에서 생기는 최초의 아미노산인 글루탐산으로 된다.

4 아미노기 전이

글루탐산은 아미노기 전이 효소의 작용으로 다시 α-케토글루타르산으로 되면서 아미노기(NH_2)를 다른 유기산에 넘겨주어 여러 가지 아미노산이 생성된다.

5 단백질 합성

여러 가지 아미노산이 펩타이드 결합하여 단백질이 합성된다.

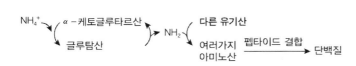

확인 콕콕콕!

1. ( )은 토양 속의 무기질소화합물을 이용해서 단백질을 합성하는 과정이다.
2. 뿌리에서 흡수한 NH_4^+은 광합성의 결과 생긴 포도당이 분해되어 나온 유기산인 ( )에서 카복시기를 받아 질소동화 과정에서 생기는 최초의 아미노산인 ( )으로 된다.
3. 질소동화 과정에서 ( )효소에 의해서 아미노기(NH_2)를 다른 유기산에 넘겨주어 여러 가지 아미노산이 생성된다.

❽ 1. 질소동화 작용
 2. α-케토글루타르산, 글루탐산
 3. 아미노기 전이

확인 콕콕콕!

1. 핵산은 인산기가 있어서 ( )성을 나타내고 ( )전하를 띤다.
2. 핵산을 구성하는 기본 단위는 ( )이고, 이것은 ( ), ( ), ( )으로 구성되어 있다
3. 염기와 당으로만 구성된 것을 ( )라 한다.
4. DNA를 구성하는 5탄당은 ( )이고, RNA를 구성하는 5탄당은 ( )이다.
5. 아데닌, 구아닌, 사이토신은 DNA와 RNA에 공통적으로 들어 있으나, ( )은 DNA에만, ( )은 RNA에만 들어 있다.
6. 퓨린 계열 염기는 ( )과 ( )이 있으며, ( ) 고리로 되어 있다.
7. 피리미딘 계열 염기는 ( ), ( ), ( )이 있으며, ( ) 고리로 되어 있다.

❸ 1. ✕ 2. ○
❸ 1. 산, 음
2. 뉴클레오타이드, 염기, 당, 인산
3. 뉴클레오사이드
4. 디옥시리보스, 리보스
5. 티민, 유라실
6. 아데닌, 구아닌, 이중
7. 사이토신, 티민, 유라실, 단일

1 핵산의 구성 원소 : C, H, O, N, P

2 핵산의 구성 성분 : 뉴클레오타이드(염기 + 당 + 인산)

(1) 뉴클레오사이드(염기 + 당)

(2) **폴리뉴클레오타이드** : 뉴클레오타이드가 길게 연결된 것

3 핵산의 종류

DNA와 RNA가 있으며 핵산은 인산기가 있어서 산성을 나타내고 음전하를 띤다.

(1) **DNA** : 유전자의 본체

(2) **RNA** : 단백질 합성에 관여

종류	DNA(디옥시리보핵산)	RNA(리보핵산)
염기	A(아데닌) G(구아닌)	A G
	C(사이토신) T(티민)	C U(유라실)
당	디옥시리보스 $C_5H_{10}O_4$	리보스 $C_5H_{10}O_5$
인산	1분자	1분자

4 염기

퓨린 염기	피리미딘 염기
아데닌(A) 구아닌(G)	사이토신(C) 유라실(U) 티민(T)

염기는 질소를 함유하고 있어서 질소 염기라고도 하며 퓨린 염기는 이중 고리 구조로 이루어져 있고 피리미딘 염기는 단일 고리 구조로 이루어져 있다.

5 당

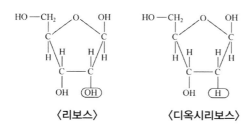

〈리보스〉　〈디옥시리보스〉

당은 5개의 탄소로 이루어진 5탄당으로 RNA를 구성하는 리보스는 2번 탄소에 OH가 있고 DNA를 구성하는 디옥시리보스는 2번 탄소에 OH보다 O가 하나 적은 H기를 가지고 있다. 디옥시(deoxy)라는 뜻은 산소(oxygen) 한 개가 빠졌다는 것을 뜻한다.

6 뉴클레오타이드

아데닌(adenine)

인산기(phosphate group)

〈뉴클레오타이드〉

5탄당 고리의 오른쪽에 있는 염기 쪽 탄소를 기준으로 1번부터 시작하여 시계 방향으로 번호를 붙이는데, 1번 탄소에 염기가 붙고 인산기가 붙는 곳이 5번 탄소가 된다.

확인 콕콕콕!

1. 5탄당 고리의 1번 탄소에 (　)가 붙고, 5번 탄소에 (　)가 붙는다.
2. 리보스와 디옥시리보스는 공통적으로 3번 탄소에 (　)가 있다.

⑥ 1. 염기, 인산기
2. OH

1 상보적 관계

핵산과 핵산은 염기 부분에서 수소 결합을 하는데, 이때 'A'는 반드시 'T' 또는 'U'와 결합하고 'G'는 반드시 'C'와 결합하는 관계이다. 'A'와 'T'는 이중 수소 결합을 하고 'G'와 'C'는 삼중 수소 결합을 하고 있다.

아데닌(A)   티민(T)

구아닌(G)   사이토신(C)

Tip

퓨린 염기와 피리미딘 염기 사이의 수소 결합

퓨린 + 퓨린 (간격이 너무 넓어진다)

피리미딘 + 피리미딘 (간격이 너무 좁아진다)

퓨린 + 피리미딘 (간격이 일정해진다)

② DNA의 구조

이중 나선 구조로 2가닥의 폴리뉴클레오타이드가 나선형으로 꼬여 있다.

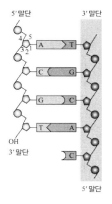 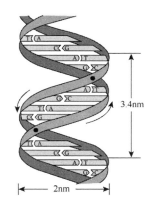

(1) 3.4nm마다 한 바퀴 꼬인 나선 모양으로 나선 1바퀴에 10개의 염기쌍이 있다.

(2) 당과 인산은 DNA 분자의 바깥쪽에서 골격을 이루고 있으며, 염기는 안쪽에 배열되어 가로대를 이루고 있다.

(3) DNA 사슬의 폭은 2nm로 일정한 것은 2개의 고리를 갖는 퓨린 염기와 1개의 고리를 갖는 피리미딘 염기가 1 : 1로 수소 결합하기 때문이다. 만약 2개의 고리를 갖는 퓨린 염기끼리 결합하면 DNA 사슬의 폭이 너무 넓어질 것이고 1개의 고리를 갖는 피리미딘 염기끼리 결합하면 DNA 사슬의 폭이 너무 좁아질 것이다.

(4) 이중 나선을 이루고 있는 2가닥은 서로 반대 방향으로 배열되어 있다(역평행 구조).

③ RNA의 구조 : 단일 사슬

④ RNA의 종류

(1) m-RNA(전령 RNA) : DNA의 유전 암호를 전사
(2) t-RNA(운반 RNA) : 리보솜에 아미노산을 운반
(3) r-RNA(리보솜 RNA) : 리보솜을 구성하는 RNA

🔧 용어 해설

• mRNA=messenger RNA
• tRNA=transfer RNA
• rRNA=ribosomal RNA

📖 확인 콕콕콕!

1. DNA 이중 나선 1바퀴에 (   )개의 염기쌍이 있다.
2. DNA 분자의 바깥쪽에서 골격을 이루고 있는 것은 (   )과 (   )이며, 안쪽에 배열되어 가로대를 이루고 있는 것은 (   )이다.
3. 이중 나선을 이루고 있는 두 가닥은 서로 반대 방향으로 배열되어 있는데 이를 (   ) 구조라고 한다.

❻ 1. 10
   2. 당, 인산, 염기
   3. 역평행

THEME
070 | DNA의 반보존적 복제

이중 나선을 이루고 있는 두 가닥 중 한 가닥은 원래의 가닥이 보존되고, 나머지 가닥은 새롭게 만들어진다.

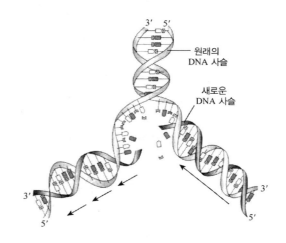

1 DNA 이중 나선을 구성하는 염기 간의 수소 결합이 풀리면서 복제가 일어난다.

2 DNA 중합효소는 분리된 2개의 사슬에 결합하여 복제를 시작한다.

3 DNA의 분리된 2개의 사슬을 각각 주형으로 하여 상보적인 새로운 두 가닥의 DNA가 합성된다. 이때 주형 가닥의 염기가 A면 T를, G면 C를 갖는 뉴클레오타이드가 결합한다.

4 새로 합성된 두 분자의 DNA 염기 배열 순서는 원래의 DNA와 똑같은 이중 나선이 2개 생긴다.

5 새로 형성된 DNA에서 한쪽 사슬은 원래의 DNA 사슬이고, 다른 쪽의 한쪽 사슬은 새로운 뉴클레오타이드로 생성된 사슬이다(반보존적 복제).

6 새로 들어오는 뉴클레오타이드는 인산기를 3개 갖고 있다가 인산기 2개가 떨어지면서 나오는 에너지에 의해서 기존에 있던 뉴클레오타이드 3'의 OH 말단에 인산기를 결합하게 된다.

7 DNA 중합효소는 DNA 사슬의 3'의 OH 말단에만 뉴클레오타이드를 첨가할 수 있기 때문에 DNA의 복제는 항상 새 가닥의 5' → 3' 방향으로만 진행된다.

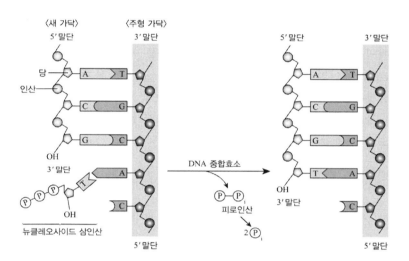

확인 콕콕콕!

1. DNA 중합효소는 기존에 있던 뉴클레오타이드 (   )의 (   ) 말단에 인산기를 결합하게 된다.
2. DNA 복제 시 새로운 사슬의 신장은 항상 (   )⟞⟝(   ) 방향으로만 일어난다.
3. 새로 들어오는 뉴클레오타이드는 인산기를 3개 갖고 있다가 인산기 2개가 떨어지면서 나오는 에너지에 의해서 기존에 있던 뉴클레오타이드에 인산기를 결합하게 되는데 이때 떨어져 나오는 2개의 인산기를 (   )이라 한다.

Tip

뉴클레오사이드 삼인산

리보뉴클레오사이드 삼인산(NTP)	
ATP	아데닌 염가-리보스-Ⓟ~Ⓟ~Ⓟ
GTP	구아닌 염가-리보스-Ⓟ~Ⓟ~Ⓟ
CTP	사이토신 염가-리보스-Ⓟ~Ⓟ~Ⓟ
UTP	유라실 염가-리보스-Ⓟ~Ⓟ~Ⓟ
디옥시리보뉴클레오사이드 삼인산(dNTP)	
dATP	아데닌 염가-디옥시리보스-Ⓟ~Ⓟ~Ⓟ
dGTP	구아닌 염가-디옥시리보스-Ⓟ~Ⓟ~Ⓟ
dCTP	사이토신 염가-디옥시리보스-Ⓟ~Ⓟ~Ⓟ
dTTP	티민 염가-디옥시리보스-Ⓟ~Ⓟ~Ⓟ

❻ 1. 3', OH
2. 5', 3'
3. 피로인산

VI. 유전학 **143**

THEME 071 | 역평행 신장

이중 나선의 두 가닥 DNA는 서로 반대 방향을 향하고 있는 역평행 구조이므로 DNA복제에 의해서 새로 형성된 DNA 가닥들도 역평행으로 신장하게 된다.

따라서 한쪽 가닥에서는 5′→3′ 방향으로 연속적으로 복제가 진행되는 선도 가닥이 형성되지만, 다른 쪽 가닥에서는 어느 정도 DNA가 풀어진 다음에 5′→3′ 방향으로 조금씩 복제되기 때문에 연속적이 아닌 작은 조각(오카자키 절편)으로 나누어져 복제가 진행되는 지연 가닥이 형성된다. 오카자키 절편은 DNA 연결효소에 의해 하나의 사슬로 연결된다.

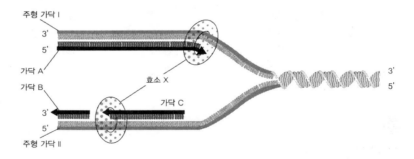

위 그림에서 주형 가닥 I을 복제하는 가닥 A는 5′→3′ 방향으로 연속적으로 복제가 진행되는 선도 가닥이 형성되고 있지만, 주형 가닥 II를 복제하는 가닥 B와 C가 형성되기 위해서는 가닥 B가 5′→3′ 방향으로 복제된 후 가닥 C가 다시 복제 분기점 쪽에서 5′→3′ 방향으로 복제되기 때문에 작은 조각(오카자키 절편)으로 나누어지게 되는데, 이를 지연 가닥이라 한다. 효소 X는 DNA 중합효소이다.

복제 원점	DNA 복제가 시작되는 곳
복제 분기점	복제 기포의 양 끝에 있는 곳으로 새로운 DNA 가닥이 신장되는 Y자 모양의 부분

1. **원핵생물의 DNA 복제** : 원형의 세균 염색체는 하나의 복제 원점을 가지고 있으며 복제 원점에서 양방향으로 진행된다.

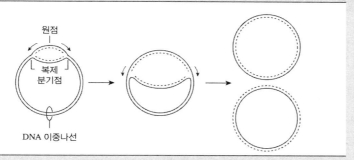

2. **진핵생물의 DNA 복제** : 진핵생물의 염색체는 수천 개 이상의 복제 원점을 가지고 있고 복제 원점에서 양방향으로 진행되므로 수많은 복제 기포가 동시 다발적으로 형성되며 복제의 마지막 단계는 서로 연결되어 매우 긴 DNA 분자가 빠르게 복제된다.

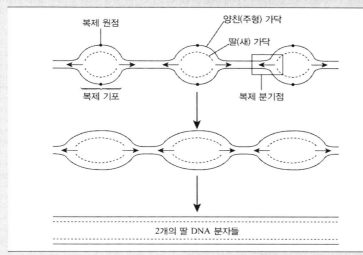

2개의 딸 DNA 분자들

확인 콕콕콕!

1. 하나의 아미노산을 암호화하는 유전 정보로 사용되는 뉴클레오타이드는 ( )개이다.
2. ( )개의 염기가 한 조가 되어 하나의 아미노산을 지정하는 DNA의 유전 암호를 ( )라고 한다.
3. DNA의 코드를 상보적으로 전사한 mRNA의 염기 조합을 ( )이라 한다.

1 3염기설

　DNA의 염기는 A, G, C, T의 4종류인데 단백질을 구성하는 아미노산은 20종류이다.

　1개의 염기가 하나의 아미노산을 암호화하는 데 사용된다면 4종류의 뉴클레오타이드는 4종류의 아미노산만을 암호화할 수 있고, 2개의 뉴클레오타이드가 하나의 아미노산을 암호화한다면 $16(4^2)$ 종류의 아미노산만을 암호화할 수 있다. 따라서 3개의 뉴클레오타이드가 하나의 아미노산을 암호화하는 유전 정보로 사용되어야만 모두 $64(4^3)$ 종류의 서로 다른 아미노산을 암호화할 수 있으므로 20종류의 아미노산을 암호화하기에 충분하다.

2 트라이플렛 코드(triplet code)

　DNA의 염기인 A, G, C, T의 4종류 중 3개의 염기가 한 조가 되어 하나의 아미노산을 지정하는 DNA의 유전 암호를 말하며, 줄여서 코드(code)라고도 한다.

3 코돈(codon)

　DNA의 유전 정보를 전달하는 RNA를 mRNA(messenger RNA, 전령 RNA)라고 하며 DNA의 유전 정보에 따라 mRNA를 합성하는 과정을 전사라고 한다.

　DNA의 코드를 상보적으로 전사한 mRNA의 3개의 염기 조합을 코돈이라 하며 A는 U, T는 A, G는 C, C는 G로 전사되어 RNA가 생긴다. 예를 들어 DNA의 염기 서열이 GTACAT라면 전사된 RNA의 염기 서열은 CAUGUA가 된다.

답 1. 3
　2. 3, 트라이플렛 코드
　3. 코돈

4 안티코돈(anticodon)

단백질 합성에 필요한 아미노산과 결합하여 리보솜에 특정한 아미노산을 운반해오는 RNA를 tRNA(transfer RNA, 운반 RNA)라고 하며 mRNA의 코돈에 상보적으로 대응하는 tRNA 3개의 염기 조합을 안티코돈이라 한다.

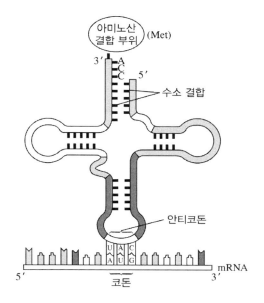

(1) tRNA는 일부 염기가 수소 결합을 하고 있는 단일사슬의 3차원적 입체 구조이다.

(2) tRNA의 3' 말단이 튀어 나와 있는데, 이곳의 염기 서열은 모든 tRNA가 공통적으로 CCA로 되어 있으며, 여기에 안티코돈에 따라 특정한 아미노산이 결합한다.

(3) tRNA 분자는 세포질에서 해당하는 아미노산을 싣고 리보솜에 아미노산을 내려놓은 후 또 다른 아미노산을 운반해 오기 위해 리보솜을 떠난다. 따라서 tRNA 분자는 반복적으로 사용된다.

5 rRNA(ribosomal RNA, 리보솜 RNA)

인에서 만들어지며, 리보솜(단백질+rRNA)을 구성하는 성분으로 rRNA와 단백질이 결합하여 인에서 리보솜도 만들어진다.

073 | DNA 유전 암호의 전사와 번역

확인 콕콕콕!

1. DNA의 (   )에 RNA 중합효소가 결합하면 전사가 시작된다.
2. RNA 중합효소는 새로운 뉴클레오타이드를 (   )' → (   )' 방향으로 조립한다.
3. DNA의 유전 정보에 따라 mRNA를 합성하는 과정을 (   )라고 하며 (   )에서 일어난다.

1 생명 중심의 원리(중심설)

DNA에 저장되어 있는 유전 정보는 직접 단백질 합성에 관여하지 않고 DNA 정보가 RNA로 전사된 후에 RNA에 의해서 단백질 합성이 일어난다.

이와 같이 유전 정보가 DNA → RNA → 단백질 순으로 이동하는 것을 '생명 중심 원리'라고 한다.

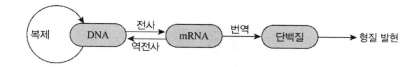

2 전사

DNA의 유전 정보에 따라 mRNA를 합성하는 과정을 전사라고 하며 진핵생물의 경우 전사는 핵 속에서 일어난다.

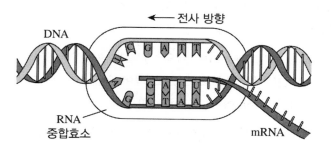

(1) DNA의 프로모터에 RNA 중합효소가 결합하여 전사개시 복합체를 형성하면서 염기 사이의 수소 결합을 절단함으로써 DNA의 이중가닥이 풀어진다.

(2) **RNA 중합효소** : DNA 중합효소와 같이 RNA 중합효소도 3'의 OH 말단에만 뉴클레오타이드를 첨가할 수 있기 때문에 새로운 뉴클레오타이드를 5' → 3' 방향으로 조립한다.

❻ 1. 프로모터
   2. 5, 3
   3. 전사, 핵

(3) **프로모터(촉진 부위)** : RNA 중합효소가 부착하여 전사를 시작하는 DNA의 특정 염기 서열 부위로서 전사가 시작되는 자리를 결정하고, DNA 나선의 두 가닥 중 어느 가닥이 주형으로 이용되는지를 결정한다.

(4) DNA의 이중 나선에서 어느 하나의 사슬에서만 전사가 일어난다. 이때 전사에 쓰이는 DNA 사슬을 주형 가닥이라고 하며, 핵 내에서 DNA의 한쪽 가닥을 주형으로 하여 전사된 다음 세포질로 빠져나와 리보솜에 결합하여 단백질 합성 과정에 관여한다.

(5) 전사가 끝난 DNA는 다시 꼬여서 이중 나선을 형성한다.

〈m-RNA의 유전 암호(코돈)〉

첫째 염기	둘째 염기				셋째 염기
	U	C	A	G	
U	페닐알라닌 페닐알라닌 류신 류신	세린 세린 세린 세린	타이로신 타이로신 (†) (†)	시스테인 시스테인 (†) 트립토판	U C A G
C	류신 류신 류신 류신	프롤린 프롤린 프롤린 프롤린	히스티딘 히스티딘 글루타민 글루타민	아르지닌 아르지닌 아르지닌 아르지닌	U C A G
A	아이소류신 아이소류신 아이소류신 메싸이오닌*	트레오닌 트레오닌 트레오닌 트레오닌	아스파라진 아스파라진 라이신 라이신	세린 세린 아르지닌 아르지닌	U C A G
G	발린 발린 발린 발린	알라닌 알라닌 알라닌 알라닌	아스파트산 아스파트산 글루탐산 글루탐산	글라이신 글라이신 글라이신 글라이신	U C A G

① 첫째 염기 → 둘째 염기, 셋째 염기의 순서로 읽는다. 예를 들어 UUU면 페닐알라닌을 지정하고, UUA이면 류신을 지정하는 암호이다.

② 표에서 *는 개시를 나타내는 코돈이고, †는 정지를 나타내는 코돈이다. 즉, AUG는 메싸이오닌에 대한 코돈이면서 단백질 합성을 시작하게 하는 개시코돈이며, UAA, UAG, UGA는 지정하는 아미노산이 없어서 그곳에서 단백질 합성이 종결된다.

🔧 **용어 해설**

• **복제와 전사의 비교**
① 주형 가닥 : 복제는 두 가닥의 DNA 사슬이 모두 주형 가닥으로 작용하지만 전사는 두 가닥의 DNA 사슬 중 한 가닥만 주형가닥으로 작용한다.
② 효소 : 복제할 때는 DNA 중합효소가 사용되고, 전사할 때는 RNA 중합효소가 사용된다.

• **코돈의 공통성**
코돈은 세균에서 사람에 이르기까지 지구상의 모든 생물에게 공통적이다. 예를 들어 CUA로 구성된 코돈은 지구상의 모든 생물의 세포에서 공통적으로 류신을 지정하는 코돈이 된다. 이것은 모든 생물이 공통의 조상으로부터 진화하였다는 것을 의미한다.

🔧 **개정된 용어**

• 티로신 → 타이로신
• 아르기닌 → 아르지닌
• 이소류신 → 아이소류신
• 메티오닌 → 메싸이오닌
• 아스파라긴 → 아스파라진
• 리신 → 라이신
• 아스파르트산 → 아스파트산
• 글리신 → 글라이신

🔍 **확인 콕콕콕!**

1. DNA의 이중 나선에서 전사에 쓰이는 DNA 사슬을 ( ) 가닥이라고 한다.
2. 단백질 합성을 시작하게 하는 개시코돈은 ( )이다.
3. 지정하는 아미노산이 없어서 단백질 합성이 종결되는 종결코돈은 ( ), ( ), ( )이다.

❻ 1. 주형
2. AUG
3. UAA, UAG, UGA

OX 퀴즈

1. 하나의 아미노산을 지정하는 코돈은 두 개 이상 있을 수 있다.
( )
2. 하나의 코돈은 두 개 이상의 아미노산을 지정할 수 있다. ( )
3. 진핵생물의 경우 전사 장소는 핵이며 번역은 세포질에서 일어난다.
( )

확인 콕콕콕!

1. mRNA에 저장되어 있는 정보를 이용하여 단백질을 합성하는 과정을 ( )이라고 하며 세포질의 ( )에서 일어난다.
2. 다음은 m-RNA의 유전 암호표를 보고 답하시오.
   1) 코드가 5'-AGC-3'일 때 지정하는 아미노산은 ( )이다.
   2) 코돈이 5'-CCA-3'일 때 지정하는 아미노산은 ( )이다.
   3) 안티코돈이 5'-UAC-3'일 때 지정하는 아미노산은 ( )이다.

3 번역

　mRNA에 저장되어 있는 정보를 이용하여 단백질을 합성하는 과정을 번역이라고 한다.

　mRNA의 코돈에 상보적으로 대응하는 안티코돈을 가진 tRNA가 아미노산을 리보솜에 운반하여 특정 단백질을 합성하는 과정으로 tRNA 분자는 세포질에서 해당 아미노산을 싣고 리보솜에 아미노산을 내려놓은 후 또 다른 아미노산을 운반해 오기 위해 리보솜을 떠난다. 따라서 tRNA 분자는 반복적으로 사용된다.

Tip

① DNA의 유전 암호(코드)　　3'–TAC ---- CCT ----- AAG ------- ATA–5'
② mRNA의 전사(코돈)　　　5'–AUG ---- GGA ----- UUC ------- UAU–3'
③ tRNA의 운반(안티코돈)　　3'–UAC ---- CCU ----- AAG ------- AUA–5'
④ 리보솜에서 단백질 합성(번역)　메싸이오닌-- 글라이신-- 페닐알라닌--- 타이로신
❖ 번역 : mRNA(코돈)의 5' → 3' 방향으로 유전 암호를 읽어서 아미노산을 지정한다.

개념 확인

01 아래의 mRNA에 의해서 생성되는 폴리펩타이드의 아미노산 서열을 mRNA의 유전 암호표를 이용하여 바르게 작성하라 (개시 암호와 종결 암호에 유의할 것).

5' …… AGCUAUGGAACGUUAGAUCU …… 3'

해설 개시코돈 AUG가 나올 때부터 시작하면 메싸이오닌+글루탐산+아르지닌 다음에 오는 UAG는 정지코돈으로, 정지코돈에 해당하는 안티코돈(tRNA)은 없으므로 지정하는 아미노산이 없어서 그곳에서 단백질 합성이 종결된다.

정답 메싸이오닌+글루탐산+아르지닌

⑤ 1. ○　2. ×　3. ○
⑥ 1. 번역, 리보솜
　　2. 1) 알라닌 2) 프롤린 3) 발린

1 리보솜은 단백질과 rRNA(리보솜 RNA)로 이루어져 있으며 단백질 합성 장소이다.

2 핵 속의 인에서 rRNA가 합성되며 세포질에서 핵으로 수송된 단백질과 결합하여 리보솜으로 조립된 후 세포질로 나온다.

3 리보솜은 큰 소단위체와 작은 소단위체로 불리는 2개의 소단위체로 구성되어 있는데, 각 단위체는 rRNA와 단백질로 이루어져 있다.

원핵세포의 리보솜	70S(50S + 30S)
진핵세포의 리보솜	80S(60S + 40S)

❖ S(침강 계수) : 원심 분리했을 때 가라앉는 정도로 진핵세포의 리보솜이 크다.

4 리보솜의 작은 소단위체에는 mRNA 결합 부위가 있는데, 단백질 합성 시 리보솜의 작은 소단위체가 먼저 mRNA와 결합하고, 여기에 큰 소단위체가 결합한다.

5 리보솜의 큰 소단위체에는 tRNA 결합 부위인 P 자리와 A 자리가 있고 아미노산을 떼어낸 tRNA가 방출되는 E 자리가 있다. 따라서 하나의 리보솜은 3개의 tRNA와 결합할 수 있다. P 자리에는 신장되고 있는 폴리펩타이드가 붙어있는 tRNA(펩티딜 tRNA)가, A 자리에는 아미노산이 결합되어 있는 tRNA(아미노아실 tRNA)가 결합하는 자리이다.

▰ 확인 콕콕콕!

1. 리보솜은 (   )와 (   )로 이루어져 있으며, (   )개의 단위체가 결합되어 있다.
2. 원핵세포의 리보솜은 침강 계수가 (   )S이고, 진핵세포의 리보솜은 침강 계수가 (   )S이다.
3. rRNA는 핵 속의 (   )에서 합성되며, 단백질과 결합하여 리보솜 단위체가 된 후 (   )로 나온다.
4. 리보솜의 (   ) 소단위체에는 mRNA 결합 부위가 있는데, 단백질 합성 시 리보솜의 (   ) 소단위체가 먼저 mRNA와 결합하고, 여기에 (   ) 소단위체가 결합한다.
5. 리보솜의 큰 소단위체에는 tRNA 결합 부위인 (   ) 자리와 (   ) 자리가 있고 아미노산을 떼어낸 tRNA가 방출되는 (   ) 자리가 있다. 따라서 하나의 리보솜은 3개의 tRNA와 결합할 수 있다. (   ) 자리에는 신장되고 있는 폴리펩타이드가 붙어있는 tRNA가 결합하고, (   ) 자리에는 아미노산이 결합되어 있는 tRNA가 결합하는 자리이다.
6. 신장되고 있는 폴리펩타이드가 붙어있는 tRNA를 (   ) tRNA라고 하며, 아미노산이 결합되어 있는 tRNA를 (   ) tRNA라고 한다.

❸ 1. rRNA, 단백질, 2
2. 70, 80
3. 인, 세포질
4. 작은, 작은, 큰
5. P, A, E, P, A
6. 펩티딜, 아미노아실

6 리보솜은 mRNA에 저장되어 있는 유전 정보에 따라 단백질을 합성하는 장소이다.

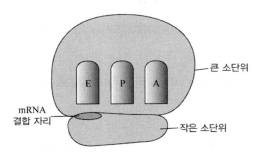

E 자리(E site)	출구 자리
P 자리(P site)	펩티딜 tRNA 자리
A 자리(A site)	아미노아실 tRNA 자리

 Tip

항생제와 리보솜

사람과 가축에 사용하는 많은 항생제는 병을 일으키는 원인이 되는 세균의 리보솜 활성을 억제시킨다.

스트렙토마이신 등이 대표적인 항생제로 이것은 단백질을 합성하는 리보솜이 세균과 동물세포에서 서로 달라 항생 물질이 동물세포의 리보솜에 결합하지 않으므로 숙주가 된 동물의 세포 내의 리보솜의 기능에는 영향을 미치지 않고 세균을 제거할 수 있다.

그러나 항생제를 남용하게 되면 세균의 항생제에 대한 내성이 높아지면서 이러한 항생제들의 효과가 점점 줄어들 수 있다.

mRNA의 코돈에 따라 아미노산을 붙여 특정 단백질을 합성하는 과정으로 개시 → 신장 → 종결의 3단계로 진행된다.

1 리보솜의 작은 소단위체가 mRNA와 결합하고 안티코돈으로 UAC를 갖고 있으며 메싸이오닌으로 장전된 개시 tRNA는 개시 코돈인 AUG와 염기쌍을 이루며 결합한다.

2 리보솜의 큰 소단위체가 와서 붙으면 번역개시 복합체가 완성된다.

3 메싸이오닌으로 장전된 개시 tRNA가 리보솜의 P 자리를 차지하게 되고 A 자리에는 다음 아미노산을 가진 아미노아실 tRNA를 받을 준비가 되어 있다.

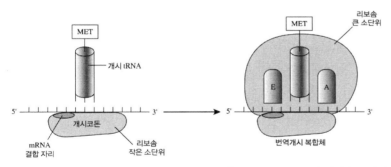

① 리보솜의 작은 소단위체가 mRNA에 결합하고 개시 tRNA가 개시코돈과 결합한다.

② 리보솜의 큰 소단위체가 붙어서 번역개시 복합체를 형성하고 A 자리에 아미노산을 가진 tRNA가 오게 된다.

OX 퀴즈

1. 번역 시 리보솜의 단위체 중에서 mRNA와 처음으로 결합하는 것은 작은 소단위체이다. (　)
2. 코돈 염기와 안티코돈 염기는 수소 결합을 한다. (　)

확인 콕콕콕!

1. 번역은 mRNA의 코돈에 따라 특정 단백질을 합성하는 과정으로 (　)→(　)→(　)의 3단계로 진행된다.
2. 개시 tRNA에는 (　)이 결합되어 있다.
3. 번역의 개시 단계의 첫 번째 순서는 리보솜의 (　) 소단위체가 mRNA에 결합하고 (　)가 개시코돈과 결합한다.
4. 두 번째 순서는 리보솜의 (　) 소단위체가 붙어서 번역개시 복합체를 형성하고 (　) 자리에 아미노산을 가진 tRNA가 오게 된다.

❽ 1. ○　2. ○
❽ 1. 개시, 신장, 종결
　2. 메싸이오닌
　3. 작은, 개시 tRNA
　4. 큰, A

THEME 076 | 단백질 합성 과정 – 폴리펩타이드 사슬의 신장

폴리펩타이드 사슬의 신장 : 형성되고 있는 폴리펩타이드 사슬의 말단에 새로운 아미노산이 하나씩 결합되는 과정이다.

1 **코돈의 인식** : A 자리의 mRNA 코돈과 상보적인 안티코돈을 가지고 있는 tRNA가 염기쌍을 형성한다.

2 **펩타이드 결합의 형성** : P 자리에 있는 tRNA의 폴리펩타이드가 떨어져 A 자리에 있는 tRNA의 아미노산에 부착된다. 이때 리보솜의 큰 소단위체에 있는 rRNA 분자가 P 자리에 있는 성장하는 폴리펩타이드와 A 자리에 있는 아미노산 사이에 펩타이드 결합 형성을 촉매한다.

3 **이동** : 리보솜은 mRNA의 3′ 말단 방향으로 1개의 코돈(3개의 염기)만큼 이동한다. 그 결과 A 자리에 있던 tRNA는 P 자리로 이동하고, P 자리에 있던 성장하는 폴리펩타이드가 떨어진 tRNA는 E 자리로 이동한다. E 자리로 이동한 tRNA는 mRNA와 리보솜으로부터 떨어져 나와 방출되며, 다음에 번역될 코돈이 A 자리로 옮겨온다.

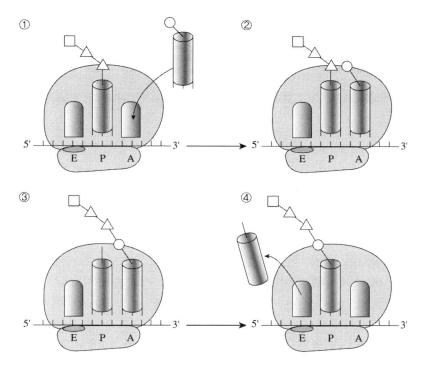

①→② 아미노아실 tRNA의 안티코돈이 A 자리의 mRNA 코돈과 염기쌍을 형성한다.

②→③ P 자리에 있는 성장하는 폴리펩타이드가 A 자리에 있는 tRNA의 아미노산에 결합한다.

③→④ 리보솜이 A 자리에 있는 tRNA가 P 자리로 가도록 이동하면 P 자리에 있던 아미노산이 떨어진 tRNA는 E 자리로 이동한 후 방출된다.

01 다음 설명 중 옳지 않은 것은?

① 리보솜은 아미노산과 tRNA가 결합하는 장소이다.

② 추가되는 tRNA-아미노산 복합체는 A 부위로 들어온다.

③ tRNA-아미노산 복합체는 A 부위보다 P 부위에서 폴리펩타이드가 먼저 분리된다.

④ 폴리펩타이드와 아미노산의 결합은 A 부위에서 일어난다.

해설 세포질에서 아미노산과 tRNA가 결합한 후 리보솜으로 들어간다.　　**정답** ①

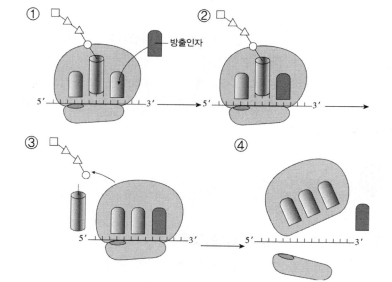

THEME
077 | 단백질 합성 과정 – 번역의 종결

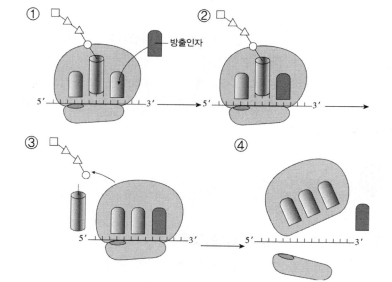

1 신장은 mRNA의 종결코돈이 리보솜의 A 자리에 도달할 때까지 계속 신장된다.

2 종결코돈인 UAA, UAG, UGA 중 하나가 리보솜의 A 자리에 오면 tRNA 대신 방출인자(분리인자)라고 불리는 단백질이 A 자리의 종결코돈에 결합한다. 방출인자는 P 자리에 있는 tRNA에 결합되어 있던 폴리펩타이드 사슬을 tRNA에서 분리하여 방출시킨다.

3 나머지 번역기구인 리보솜의 두 소단위체와 mRNA 등이 분리된다.

① → ② 리보솜이 mRNA의 종결코돈에 도달하면 방출인자가 A 자리로 들어간다.

② → ③ 방출인자는 P 자리에 있는 tRNA와 폴리펩티드의 결합을 분해하여 방출시킨다.

③ → ④ 리보솜의 대단위체, 소단위체, mRNA는 모두 분리된다.

4 폴리소옴(polyribosome, 폴리리보솜)

하나의 mRNA에서 리보솜 1개로만 단백질 합성이 일어나는 것이 아니고, 하나의 mRNA에는 여러 개의 리보솜이 결합되어 있으며, 이들 리보솜에 의해서 동시에 동일한 단백질 합성이 일어난다.

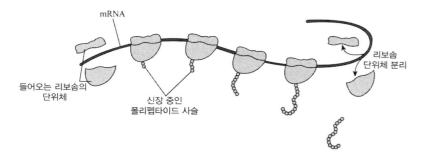

확인 콕콕!

1. 하나의 mRNA에 여러 개의 리보솜이 결합되어 있는 것을 (　)이라 하며, 이들 리보솜에 의해서 동시에 동일한 단백질 합성이 일어난다.

개념
확인

01 다음 중 단백질 합성 과정을 바르게 배열한 것은?

a. 완전한 형태의 리보솜 형성
b. mRNA의 형성
c. 펩타이드 결합의 형성
d. A 자리에서 코돈과 안티코돈의 인식
e. 리보솜 안에서의 펩티딜 tRNA의 이동
f. 개시코돈과 개시 tRNA의 안티코돈의 인식
g. 리보솜의 작은 소단위체가 mRNA에 결합

① b−g−a−f−d−c−e　　② b−g−f−a−d−c−e
③ b−g−f−d−a−c−e　　④ b−g−f−a−d−e−c

 해설　개시코돈과 개시 tRNA의 안티코돈이 인식된 후에 리보솜의 대단위체가 결합하여 완전한 형태의 리보솜이 형성되고 A 자리에서 코돈과 아미노아실 tRNA의 안티코돈이 인식된다.　　정답 ②

❻ 1. 폴리리보솜

✏️확인 콕콕콕!

1. 원핵생물의 DNA에서 오페론이
   란 ( ), ( ), ( )로 이루어진
   유전자 발현 조절 단위를 말한다.
2. RNA 중합효소가 결합하여 전사
   가 시작되는 부위를 ( )라 한다.
3. ( )는 오페론에서 ( )와 구조
   유전자 사이에 위치하며, ( )
   물질이 결합하는 부위로 구조 유
   전자 발현을 촉진 또는 억제하는
   작동 부위로 작용한다.
4. ( )는 억제 물질을 생산하며 억
   제 물질이 작동자에 결합하면
   RNA 중합효소가 구조 유전자를
   전사하지 못하게 억제한다.

1 오페론

원핵생물의 DNA에서 서로 연관된 기능을 가진 프로모터, 작동자, 구조 유전자를 말한다.

(1) 프로모터(촉진 부위)

RNA 중합효소가 결합하여 전사가 시작되는 부위이다.

(2) 작동자(작동 부위)

프로모터와 구조 유전자 사이에 위치하며, 억제 물질이 결합하는 부위로 구조 유전자 발현의 개시 및 종료의 작동 부위로 작용한다.

(3) 구조 유전자

세포가 특정 기능을 수행하는 데 관련된 일련의 단백질을 합성하는 유전자로 전사가 일어나고 번역되는 부위이다.

2 조절 유전자

억제 물질을 생산하며 억제 물질이 작동자에 결합하면 RNA 중합효소가 구조 유전자를 전사하지 못하게 억제한다.

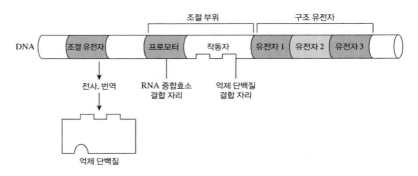

❽ 1. 프로모터, 작동자,
     구조 유전자
   2. 프로모터
   3. 작동자, 프로모터, 억제
   4. 조절 유전자

079 | 젖당 오페론

대장균은 포도당 배지에서 자랄 때는 효소를 만들 필요가 없지만, 젖당 배지에서 자랄 때는 젖당 분해효소를 만들어 젖당을 분해하여 에너지원으로 사용한다.

1 대장균을 포도당 배지에 배양할 경우

억제 물질이 작동자에 결합하여 RNA 중합효소가 프로모터에 결합하지 못하므로 구조 유전자에서 mRNA 전사가 일어나지 않는다. 조절 유전자는 젖당 오페론에 의해 조절되지 않고 항상 발현되어 억제 물질을 만들어낸다.

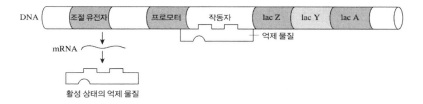

2 대장균을 젖당 배지에서 배양할 경우

젖당이 있으면 젖당이 조절 유전자에서 만들어진 억제 물질에 결합하여 억제 물질이 불활성화되며, 그 결과 억제 물질이 작동자에 결합하지 못하게 된다. 따라서 프로모터에 RNA 중합효소가 결합하여 구조 유전자에서 mRNA로 전사가 시작되고, mRNA는 번역과정을 거쳐 젖당 분해효소를 생성하게 된다.

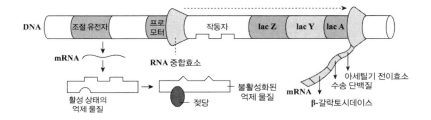

080 | 유전자 재조합

어떤 생물에서 특정 DNA를 잘라 운반체에 삽입하여 재조합 DNA를 얻은 후 세균과 같은 생물체에 주입하여 형질을 발현시키는 기술이다.

1 플라스미드

대장균에 기생된 고리모양의 DNA 사슬로 유전자 운반체(벡터)로 사용되며 세균 세포 속에서 스스로 복제한다.

2 유전자 재조합

(1) 플라스미드를 대장균에서 분리한다.

(2) 플라스미드의 DNA 사슬을 제한효소로 절단한다.

(3) 여기에 우리가 원하는 유전자가 들어 있는 DNA 사슬을 DNA 연결효소(DNA ligase)를 사용하여 연결시킨다.

(4) 이것이 재조합 DNA이다.

(5) 재조합된 플라스미드를 배양이 쉽고 번식력이 강한 숙주인 대장균에 이식한다.

(6) 대장균은 특정 기능(우리가 원하는 형질의 합성 기능)을 갖게 되며 계속해서 증식하여 군체를 형성한다.

(7) 새로운 유전자 재조합 DNA를 갖는 대장균이 많이 증식되고, 이들에 의해 특정 물질이 합성되며, 이를 정제하여 약품으로 개발한 후 환자에게 투여한다.

Tip

• **군체**
분열을 통하여 얻은 자손들이 분리되지 않고 서로 붙어사는 개체들의 집합

• **벡터**
유전자 운반체

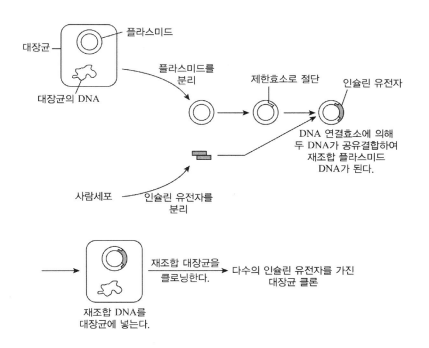

용어 해설

• 클론 : 하나의 세포로부터 증식에 의해서 생긴 유전적으로 동일한 세포군이나 개체군

Tip

플라스미드를 유전자 운반체로 사용하는 이유

① 세균의 생존에 필수적이지 않다.

② 복제 원점이 있어서 복제가 가능하다.

③ 제한효소 자리가 있다.

④ 항생제 내성 유전자를 갖는다.

⑤ 세균의 세포로 도입하기 쉽다.

3 제한효소 : DNA 사슬을 절단하는 효소

(1) **제한효소 자리** : 제한효소가 인식하는 DNA 부위를 말하며 제한효소 자리는 두 가닥 모두 5′→3′로의 염기 서열이 동일한 대칭성을 보인다.

(2) **점착 말단** : 제한효소에 의해 절단된 단일가닥 말단

$$5' - A \vdots A \quad G \quad C \quad T \quad T - 3'$$
$$3' - T \quad T \quad C \quad G \quad A \vdots A - 5'$$

$$5' - G \quad C \vdots G \quad G \quad C \quad C \quad G \quad C - 3'$$
$$3' - C \quad G \quad C \quad C \quad G \quad G \vdots C \quad G - 5'$$

081 | 형질 전환 대장균의 선별

1 그림과 같은 플라스미드를 시험관에 넣고 테트라사이클린 내성 유전자 부위를 인식하는 제한효소를 처리한 후 같은 효소로 처리하여 얻은 인슐린 유전자를 넣는다.

2 이러한 과정을 거친 시험관에 DNA 연결효소를 처리하여 재조합 플라스미드를 만들고 이를 암피실린과 테트라사이클린에 대한 저항성이 없으며 플라스미드가 없는 대장균에 넣는다.

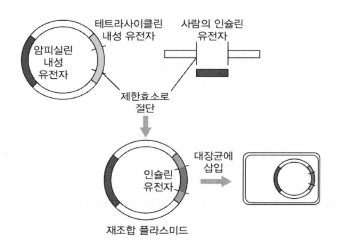

3 이 대장균을 항생제가 없는 배지에서 배양한다.

4 배양하여 얻은 대장균을 그림과 같은 방법으로 복사하여 암피실린이 포함된 배지에서 배양한다.

5 암피실린이 포함된 배지에서 배양하여 얻은 대장균을 그림과 같은 방법으로 다시 복사하여 테트라사이클린이 포함된 배지에서 배양한다.

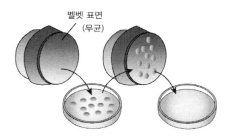

벨벳 표면
(무균)

6 각 과정에서 배양한 대장균의 생장을 확인한 결과 그림과 같았다.

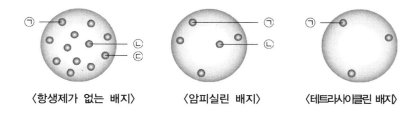

〈항생제가 없는 배지〉　　　〈암피실린 배지〉　　　〈테트라사이클린 배지〉

7 암피실린 배지와 테트라사이클린 배지에서 모두 군체를 형성하는 ㉠은 재조합되지 않은 플라스미드가 도입된 대장균이고, 암피실린 배지에서는 군체를 형성하지만 테트라사이클린 배지에서는 군체를 형성하지 못하는 ㉡이 재조합 플라스미드가 도입된 대장균이다. 암피실린 배지와 테트라사이클린 배지에서 모두 군체를 형성하지 못하는 ㉢은 플라스미드가 도입되지 않은 대장균이다.

01 다음은 유전자 재조합 실험이다.

> (가) 그림과 같은 플라스미드를 시험관에 넣고 제한 효소로 처리한 후 같은 효소로 처리된 인슐린 유전자를 넣는다.
>
>
>
> 항생제 A 저항성 유전자ⓐ ⓑ항생제 B 저항성 유전자
>
> (나) (가) 과정을 거친 시험관에 효소 Y를 처리하여 재조합 플라스미드를 만들고 이를 항생제 A와 B에 대한 저항성이 없는 대장균에 넣는다.
> (다) (나) 과정을 거친 대장균을 항생제 A가 포함된 배지에서 배양한다.
> (라) (다)에서 생장한 대장균을 항생제 B가 포함된 배지에서 배양한다.
> (마) (라)에서 생장하지 않지만 (다)에서는 생장한 대장균을 선별한다.
> (바) (마)에서 선별된 대장균으로부터 인슐린 유전자의 존재를 확인하였다.

이에 대한 설명으로 옳은 것만을 다음에서 있는 대로 고른 것은? (단, 제한 효소는 ⓐ, ⓑ 중 한 곳에만 작용한다.)

> ㄱ. 효소 Y는 DNA 연결 효소이다.
> ㄴ. 제한 효소의 작용 위치는 ⓑ이다.
> ㄷ. (라) 과정을 거쳐 생장한 대장균은 항생제 A 저항성 유전자와 항생제 B 저항성 유전자를 모두 가진다.

① ㄱ
② ㄴ, ㄷ
③ ㄱ, ㄷ
④ ㄱ, ㄴ, ㄷ

 해설 재조합 플라스미드를 만드는 효소 Y는 DNA 연결 효소이다. (라)에서는 생장하지 못하고 (다)에서는 생장한 대장균은 항생제 B가 있는 배지에서는 생장하지 못하고 항생제 A가 있는 배지에서는 생장하는 대장균이므로 항생제 B에 인슐린 유전자가 도입된 대장균이다. 따라서 제한 효소의 작용 위치는 ⓑ이다. (라) 과정을 거쳐 생장한 대장균은 (다)에서도 생장한 대장균이므로 항생제 A 저항성 유전자와 항생제 B 저항성 유전자를 모두 가진다. **정답** ④

082 | 유전자 치료

1 유전자 치료

먼저 유전자 재조합 기술을 이용하여 독성이 제거된 바이러스의 유전자에 정상 유전자를 삽입시킨 다음, 이 바이러스를 환자의 세포에 감염시켜 정상 유전자가 염색체 안으로 들어가게 한다. 정상 유전자를 갖게 된 세포와 그 세포에서 유래한 딸세포들은 정상 유전자 산물을 갖게 된다(바이러스 : 벡터로 작용).

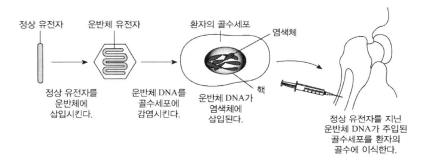

정상 유전자를 운반체에 삽입시킨다.

운반체 DNA를 골수세포에 감염시킨다.

운반체 DNA가 염색체에 삽입된다.

정상 유전자를 지닌 운반체 DNA가 주입된 골수세포를 환자의 골수에 이식한다.

 Tip

유전자 운반체로 플라스미드를 이용하지만 플라스미드를 갖지 않는 동물 세포에 유전자를 도입할 때는 독성이 제거된 바이러스를 운반체로 사용하기도 한다.

2 유전자 치료의 문제점

(1) 성공 확률이 낮고 모든 유전병에 적용할 수 없다.

(2) 정상 유전자가 원하는 곳이 아닌 다른 부위에 삽입되었을 때 백혈병과 같은 심각한 질병을 일으킬 수 있다.

(3) 정상 유전자로 치환된 체세포의 수명에 한계가 있으므로 주기적으로 정상 유전자를 가진 세포를 주사해야 한다.

THEME
083 | 세포 융합

1 세포 융합 기술

서로 다른 생물의 세포를 합쳐서 하나의 세포로 만드는 기술로 두 종의 세포가 가진 장점을 모두 갖춘 세포를 만들 때 이용된다.

2 단일 클론 항체 생성 과정

항체를 생성하지만 더 이상 분열하지 않는 B 림프구와 분열을 왕성하게 일으키는 암세포의 일종인 종양세포를 융합시켜 융합된 세포를 만든다. 융합된 세포의 증식을 통해 얻어내는 특정 항원에 대한 항체를 단일 클론 항체라 한다.

(1) **B 림프구 활성화**

① 골수암세포를 동물에 주입하면 B 림프구가 활성화된다.

② 활성화된 B 림프구는 지라에서 얻으며 수명이 10일 정도이다.

(2) **활성화된 B 림프구와 종양세포(암세포)의 융합** : 활성화된 B 림프구와 종양세포를 융합하여 잡종세포를 만든다. 단일 클론 항체에 이용하는 종양세포는 인위적으로 돌연변이를 유발하여 결함이 생긴 종양세포를 이용한다. 이 종양세포는 특정성분이 들어있는 선택 배지에서는 분열하지 못한다.

(3) **융합된 잡종세포 선별** : 선택 배지에서 15일 이상 배양하면 항체를 생산하는 잡종세포만 살아남는다.

(4) **단일 클론 항체 생산** : 각 항체를 생산하는 잡종세포를 종류별로 분리하여 배양하면 각 배양 용기마다 단일 클론이 형성된다. 단일 클론 잡종세포를 이용하여 단일 클론 항체를 생산한다(한 가지 B 림프구는 하나의 항원 결정기에 결합하는 한 가지 항체를 생성한다).

Tip

클론

하나의 세포로부터 증식에 의해서 생겨난 유전적으로 동일한 세포군이나 개체군

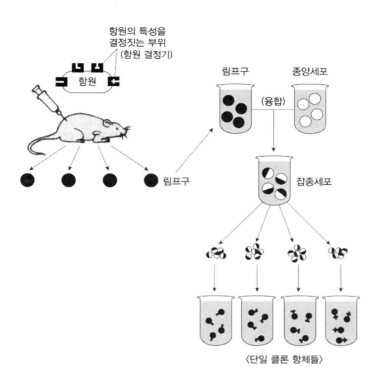

Tip

잡종세포

B 림프구의 특성과 암세포의 특성을 모두 갖고 있어 선택 배지에서 생존한다. 항체를
생성하고 빠르게 증식하며 수명은 반영구적이다.

Tip

B림프구, 종양세포, 잡종세포의 비교

	B림프구	종양세포	잡종세포
항체 생성능력	있다	없다	있다
수명	10일 정도	반영구적	반영구적
분열능력	미약하다	왕성하다	왕성하다
완전배지	생존	생존	생존
선택배지	생존	죽음	생존

01 세포 융합에 대한 다음의 설명 중 옳은 것만을 〈보기〉에서 모두 고른 것은?

보 기
ㄱ. 융합된 세포는 지속적인 분열과 항체의 생산이 가능하다.
ㄴ. 하나의 항원에는 여러 개의 항원 결정기가 있다.
ㄷ. 항원에 포함된 항원 결정기의 종류에 따라 여러 종류의 융합 세포가 생성된다.
ㄹ. 하나의 융합된 세포는 여러 종류의 항체를 생산한다.

① ㄴ, ㄷ   ② ㄱ, ㄷ

③ ㄱ, ㄴ, ㄷ   ④ ㄱ, ㄷ, ㄹ

해설 ㄹ. 하나의 융합된 세포는 한 종류의 항체만 생산한다.   **정답** ③

---

3 식물의 세포 융합

세포벽 때문에 그대로는 융합하지 않으므로 셀룰로스를 분해하는 효소로 세포벽을 파괴한 후 융합시킨다(원형질체 : 세포벽을 파괴한 세포).

예 포메이토(pomato) 합성 : 감자와 토마토 세포를 융합하여 얻은 잡종 식물로 땅 위에서는 토마토가 열리고 땅 밑에서는 감자가 열린다.

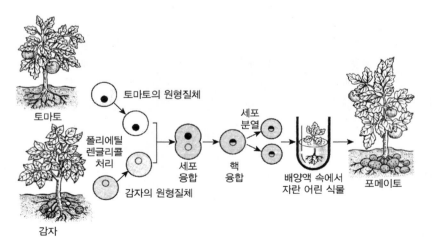

084 | 단일 클론 항체의 이용

그림은 단일 클론 항체를 생산하여 위암 치료에 이용하는 과정이다.

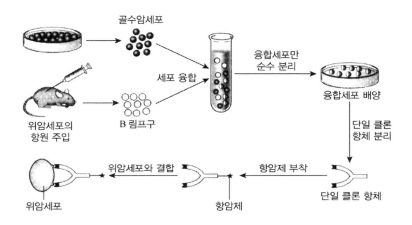

1 위암세포의 항원을 쥐에 주입하여 B 림프구를 활성화시킨다.

2 활성화된 B 림프구와 골수암세포를 융합시켜서 잡종세포를 만든다.

3 융합된 잡종세포만 선별한다.

4 각 항체를 생산하는 잡종세포를 종류별로 분리하여 단일 클론 항체를 생산한다.

5 단일 클론 항체에 항암제를 부착시켜 위암환자에게 투여한다.

6 단일 클론 항체가 위암세포에 특이적으로 결합하여 항암제가 암세포에 집중적으로 작용할 수 있게 되므로 정상세포의 손상을 줄일 수 있다.

핵 치환은 어떤 세포의 핵을 다른 세포의 핵으로 바꾸는 기술로 한 개체가 갖는 체세포의 핵은 모두 동일한 유전 정보를 갖고 있다. 따라서 이 방법으로 유전적 조성이 동일한 세포나 복제생물(클론생물)을 다량으로 만들어 낼 수 있다.

1 올챙이 클론

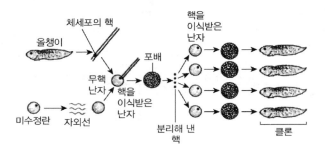

(1) 올챙이 체세포의 핵(2n)을 미수정란의 핵을 제거한 무핵 난자에 이식한다.

(2) 핵을 이식받은 난자를 포배기까지 발생시켜 핵(2n)을 분리한 후 여러 개의 무핵 난자에 이식한다.

(3) 핵을 이식받은 각각의 난자들은 정상적으로 발생하여 유전적 조성이 동일한 복제 올챙이(클론생물)가 다량으로 만들어지게 된다.

Tip

개구리의 발생 도중에 있는 세포의 핵을 무핵 난자에 이식하면 핵 그 자체가 단계적인 분화를 하고 있음을 알게 되었으며, 이미 분화가 끝난 올챙이의 체세포의 핵을 자외선을 쬐어 핵을 죽였거나 핵을 도려낸 무핵 난자에 이식하여 완전한 개구리의 성체까지 발생시키는 데 성공하였다.

2 복제 양(돌리)의 탄생

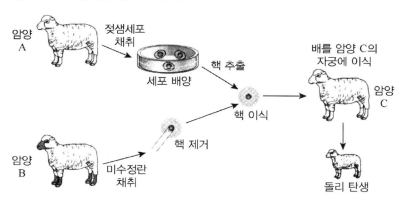

암양 A · 젖샘세포 채취 · 세포 배양 · 핵 추출 · 핵 이식 · 배를 암양 C의 자궁에 이식 · 암양 C · 돌리 탄생
암양 B · 미수정란 채취 · 핵 제거

(1) 암양 A의 젖샘세포를 채취하여 핵(2n)을 추출한 후 암양 B의 미수정란의 핵을 제거한 무핵 난자에 이식한다.

(2) 핵을 이식받은 난자를 분열시킨 배를 암양 C의 자궁에 착상시킨다.

(3) 암양 A와 유전적 조성이 동일한 복제양 돌리가 탄생하게 된다.

> 1. **분화** : 수정란에서 발생한 세포가 혈구, 젖샘세포, 근육세포 등과 같이 특정한 구조와 기능을 가진 세포로 되는 것
> 2. 젖샘세포와 같이 완전히 분화된 세포의 핵도 완전한 개체로 발생할 수 있는 능력이 있음을 복제양 돌리의 탄생으로 확인되었다.

개념 확인

01 복제양 돌리의 탄생에 대한 옳은 설명을 〈보기〉에서 모두 고르면?

┤ 보 기 ├
ㄱ. 이 과정에서는 핵 이식 기술이 이용되었다.
ㄴ. 생물의 유전 형질은 핵에 의해 전달된다.
ㄷ. 복제양 돌리는 A양과 B양의 염색체를 반씩 물려받는다.

① ㄱ   ② ㄴ
③ ㄷ   ④ ㄱ, ㄴ

해설 복제양 돌리는 A양의 염색체를 모두 물려받는다.   정답 ④

확인 콕콕콕! ────

1. 핵 치환 기술에서 복제할 동물의 ( )의 핵을 추출한다.
2. 핵 치환 기술에서는 다른 개체로부터 난자를 채취한 후에 난자의 ( )을 제거한다.
3. 수정란에서 발생한 세포가 혈구나 피부세포, 근육세포 등과 같이 특정한 구조와 기능을 가진 세포로 되는 것을 ( )라고 한다.

❻ 1. 체세포
2. 핵
3. 분화

◆ 확인 콕콕콕!

1. 수정 후 난할이 끝나고 속이 빈 공간이 생기는 포배기의 시기를 (   )라고 한다.
2. 인공 수정시켜 만들어진 수정란을 발생시킨 배아의 배반포 내부 세포덩어리로부터 분리되는 줄기세포를 (   ) 줄기세포라 한다.
3. 복제 대상 환자의 체세포 핵을 이식하여 배반포 단계까지 배양한 내부 세포덩어리로부터 분리되는 줄기세포를 (   ) 줄기세포라 한다.

1 **수정란 배아 줄기세포** : 인공 수정시켜 만들어진 수정란을 발생시킨 배아의 배반포 내부 세포 덩어리로부터 분리되는 수정란 배아 줄기세포는 증식력이 높고 인체를 이루는 모든 세포와 조직으로 분화할 수 있다. 하지만 이렇게 만들어진 조직은 환자 본인의 유전자가 아니므로 환자에 이식하면 면역 거부 반응이 일어날 수 있다.

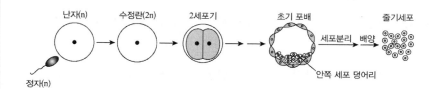

난자(n) 수정란(2n) 2세포기 초기 포배 줄기세포
세포분리 배양
정자(n) 안쪽 세포 덩어리

2 **핵 치환 배아 줄기세포** : 사람의 성숙한 난자를 채취하여 핵을 제거한 후 복제대상 환자의 체세포 핵을 이식하여 배반포 단계까지 배양한 내부 세포덩어리에서 복제 배아 줄기세포를 얻는다. 이를 통해 얻은 배아 줄기세포는 인체를 이루는 모든 세포와 조직으로 분화할 수 있는 성질이 있으며 환자와 유전적으로 동일하기 때문에 환자에게 이식했을 때 면역 거부 반응이 일어나지 않는다.

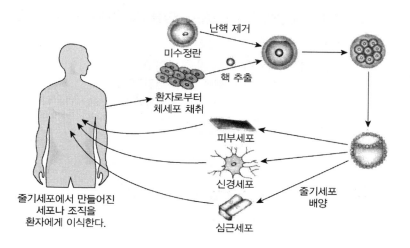

난핵 제거
미수정란
핵 추출
환자로부터
체세포 채취
피부세포
신경세포
줄기세포에서 만들어진
세포나 조직을
환자에게 이식한다.
줄기세포
배양
심근세포

⑧ 1. 배반포
2. 수정란 배아
3. 핵 치환 배아

3 성체 줄기세포: 성체 줄기세포는 성장한 신체 조직에서 추출한 것으로 아주 적은 수의 줄기세포로 한정되어 있으며 배아 줄기세포와 같이 모든 세포로 분화되는 것은 아니다.

 골수의 줄기세포: 모든 종류의 혈구로 분화될 수 있다.
소화관의 줄기세포: 장의 내벽을 형성하는 모든 세포로 분화될 수 있다.

Tip

1. **배아기**: 발생 초기 단계로 장기가 형성되기 전인 수정 후 8주까지를 배아기라고 하며 수정 후 9주부터를 태아기라고 한다.
2. **배반포**: 수정 후 난할이 끝나고 속이 빈 공간이 생기는 포배기를 배반포라 하며 바깥층 세포는 태반을 형성하고 안쪽 세포덩어리는 배아로 성장하게 된다.

01 다음 그림은 쥐의 수정란이 분열하여 형성된 초기 포배에서 안쪽 세포덩어리를 분리해 줄기세포를 만드는 과정이다. 이 세포들은 적절한 조건에서 각각 근육, 신경, 뼈 등의 특성을 지닌 세포로 될 수 있다. 다음의 자료에 대한 설명으로 옳은 것은?

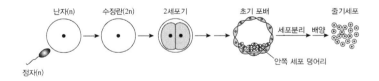

① 난자와 줄기세포의 염색체 수는 같다.
② 배양한 각 줄기세포는 서로 다른 유전자를 갖는다.
③ 난할이 진행됨에 따라 각 세포의 세포질량과 DNA 량은 감소한다.
④ 포배 안쪽 세포와 줄기세포는 각각 2n의 염색체를 가진다.

 ① 난자의 염색체 수는 n이고, 줄기세포의 염색체 수는 2n이다.
② 배양한 각 줄기세포는 수정란의 체세포분열에 의해서 만들어진 것이므로 서로 동일한 유전자를 갖는다.
③ 난할이 진행됨에 따라 각 세포의 세포질량은 감소하지만 DNA량은 변함 없다.

정답 ④

확인 콕콕콕! ─────

1. 성장한 신체 조직에서 추출해서 얻은 줄기세포를 (   ) 줄기세포 라 하며, 배아 줄기세포와 같이 모든 세포로 분화되지는 않는다.
2. 배아기는 수정 후 (   )주까지를 말한다.

6 1. 성체
2. 8

087 | 생명체의 출현

1 생명체의 출현

(1) **원시 대기의 상태** : H_2(수소), H_2O(수증기), NH_3(암모니아), CH_4(메테인)과 같은 무기물로 이루어져 있었을 것이다.

(2) **간단한 유기물의 생성(밀러와 유리)** : 여러 가지 아미노산 등의 유기물이 생성되었을 것이다.

(3) **복잡한 유기물의 생성** : 아미노산이 펩타이드 결합을 하여 단백질이 생성되었을 것이다.

(4) **원시세포의 기원(코아세르베이트)** : 탄수화물, 단백질, 핵산 등의 콜로이드 입자가 막에 싸여서 형성된 혼합물로서, 주변의 물질을 흡수하는 등의 세포와 유사한 특징을 나타낸다.

(5) **종속영양 생물의 출현** : 무기 호흡을 하는 종속영양 생물이 출현하여 유기물을 분해한 결과 CO_2(이산화탄소)가 발생되었을 것이다.

(6) **독립영양 생물의 출현** : CO_2(이산화탄소)가 증가함으로써 광합성을 하여 O_2(산소)를 발생하는 독립영양 생물이 출현하게 되었을 것이다.

(7) **종속영양 생물의 출현** : O_2(산소)가 증가하면서 유기 호흡을 하는 종속영양 생물이 출현하게 되고, 오존(O_3)층이 형성되어 자외선이 차단됨으로써 육상생물이 출현할 수 있게 되었을 것이다.

Tip

1. **콜로이드** : 아주 작은 입자가 기체 또는 액체 안에서 분산된 상태로 존재하는 것
2. **환원성 기체** : 수소 또는 수소와 결합한 기체
3. **오파린** : 무기물로부터 유기물이 합성되며, 이들이 물 분자들과 함께 막에 싸여 원시 세포의 기원인 코아세르베이트가 되는 과정을 처음으로 제기하였다.

2 밀러와 유리의 아미노산 합성 실험

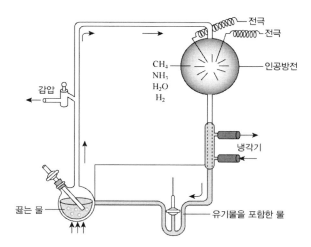

밀러와 유리는 그림과 같은 장치를 만들어 플라스크 안의 공기를 빼고 진공 상태로 만든 다음, 그 속에 원시 대기의 성분인 H_2, H_2O, NH_3, CH_4와 같은 환원성 기체를 넣고, 물을 끓여 수증기를 발생시키면서 고전압의 전류를 흘려 인공방전시켰다.

실험 결과 며칠 후 U자관에서 여러 가지 아미노산 등의 유기물이 발견되었다. 이 실험을 통해 원시 대기에서 공중방전에 의해 무기물로부터 간단한 유기물이 합성되었다는 것을 알 수 있다.

 개념 확인

01 밀러와 유리의 실험에 대한 설명으로 타당하지 않은 것은?

① 이 실험에 사용된 기체는 원시 대기를 구성했던 환원성 기체들이다.

② 끓는 물을 넣은 이유는 수증기를 공급하기 위함이다.

③ 인공방전은 원시 대기에서 번개를 대신한 것이다.

④ 이 실험의 결과 원시 대기의 간단한 유기물에서 복잡한 유기물이 합성될 수 있음을 알 수 있다.

해설 이 실험의 결과 원시 대기의 무기물에서 유기물이 합성될 수 있음을 알 수 있다.

정답 ④

❻ 1. 무기물, 유기물

THEME
088 | 진핵세포의 출현

1 막 진화설(세포막 함입설)

원핵세포의 세포막이 안쪽으로 함입되어 핵막, 소포체, 골지체 등과 같은 세포 소기관이 형성되었다.

2 공생설

호기성 세균이 원시 진핵세포로 들어가서 미토콘드리아가 되었고 광합성 세균이 원시 진핵세포로 들어가서 엽록체가 되었다. 즉, 원핵세포의 공생으로 진핵생물이 출현하게 되었다.

근거 (1) 엽록체와 미토콘드리아의 DNA는 세균과 마찬가지로 원형 DNA 분자로 되어있다(진핵생물의 DNA는 선형이다).

(2) 엽록체와 미토콘드리아는 자체적으로 리보솜을 갖는데, 이는 진핵세포보다 원핵세포의 리보솜과 더욱 유사하다.

(3) 미토콘드리아, 엽록체가 이중막인 것은 원시 진핵세포로 들어갈 때 숙주세포의 막을 싸고 들어간 것으로 볼 수 있다.

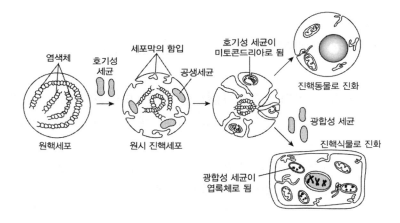

089 | 집단 유전

1 개체군

같은 시기, 같은 장소에 서식하고 있는 동일한 생물종의 집합으로 진화를 이야기할 때 가장 작은 단위이다.

2 유전자풀과 대립 유전자의 빈도

(1) **유전자풀(gene pool)** : 개체군을 이루는 모든 개체들이 갖고 있는 대립 유전자 전부

(2) **유전자 빈도** : 한 집단 내에 있는 각 대립 유전자들의 상대적 출현 빈도

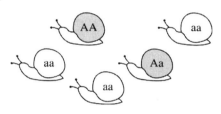

① 유전자풀 : A 유전자 3개, a 유전자 7개

② 유전자 빈도 : A 유전자 빈도는 $3/10=0.3$, a 유전자 빈도는 $7/10=0.7$이 된다.

3 하디-바인베르크의 법칙

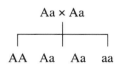

Aa × Aa
AA Aa Aa aa

A가 일어날 확률 − p
a가 일어날 확률 − q라 하면

AA가 일어날 확률 = p^2
2Aa가 일어날 확률 = $2pq$
aa가 일어날 확률 = q^2

	A(p)	a(q)
A(p)	AA(p^2)	Aa(pq)
a(q)	Aa(pq)	aa(q^2)

$\therefore p^2+2pq+q^2=1$
$(p+q)^2=1$
$\therefore p+q=1$

확인 콕콕콕!

1. 진화를 이야기할 때 가장 작은 단위는 (   )이다.
2. 개체군을 이루는 모든 개체들이 갖고 있는 대립 유전자 전부를 (   )라 한다.
3. 한 집단 내에 있는 각 대립 유전자들의 상대적 출현 빈도를 (   )라 한다.

⑥ 1. 개체군
2. 유전자풀
3. 유전자 빈도

확인 콕콕콕!

1. 하디-바인베르크 평형이 유지되는 이상적인 집단을 (   ) 집단이라 하며 하디-바인베르크 평형이 깨졌을 경우 (   )를 일으키는 요인이 된다.
2. (   )는 대립 유전자를 변화시켜 새로운 대립 유전자가 생기는 것을 말하며, (   )는 대립 유전자의 빈도를 변화시키는 것을 말한다.
3. 병목 효과, 창시자 효과와 같이 소집단에서 유전자 빈도가 우연히 변하는 것을 (   )이라 한다.

4 집단 유전의 성립 조건(멘델 집단)

하디-바인베르크 평형이 유지되는 이상적인 집단으로 유전자 빈도는 대를 거듭해도 변하지 않고 항상 일정하게 유지된다.

(1) 집단의 개체 수가 많아야 한다.

(2) 집단 간의 이주가 없어야 한다.

(3) 돌연변이가 일어나지 않아야 한다.

(4) 교배가 임의로 이루어져야 한다.

(5) 특정한 대립 유전자에 대해서 자연선택이 작용하지 않는다.

> ❖ 위의 조건 중에서 어느 하나라도 충족되지 않으면 하디-바인베르크의 평형이 깨지고 그 집단의 유전자 빈도는 변하게 된다. 이것은 곧 진화가 일어난다는 것을 의미한다.

5 유전자풀을 변화시켜 진화를 일으키는 요인 (하디-바인베르크의 평형을 깨뜨리는 요인)

(1) **돌연변이** : 대립 유전자를 변화시키는 것

(2) **자연 선택** : 대립 유전자 빈도를 변화시키는 것

(3) **유전적 부동** : 소집단에서 돌연변이나 자연 선택 없이도, 우연히 유전자 빈도가 변하는 것

① **병목 효과** : 해상이라고 불리는 북미해안가에 존재하는 물개는 1890년대까지 그들의 기름을 얻고자 사냥하는 사람들로 인해 단지 50여 마리만이 남아 있었다. 그 후 물개를 보호하여 그 숫자는 회복되었지만 그 때는 유전적으로 같은 물개만이 살아남아 있었다. 그 이유는 1890년대의 병목 효과를 통과한 물개 중 같은 유전자를 가진 개체만이 살아남았기 때문이다.

② **창시자 효과** : 호주의 원주민 중에는 B형이나 AB형 혈액을 가진 사람이 없다. 그 이유는 처음에 호주에 정착한 몇몇 사람들은 B 유전자를 가지고 있지 않았을 것이기 때문이다. 이러한 현상을 창시자 효과(시조 효과)라 부른다.

(4) **유전자 흐름(유전자 이동, 이주)** : 이입과 이출에 의해서 대립 유전자 빈도가 변하게 된다. 붉은색의 꽃을 갖는 어느 집단에서 곤충들이 다른 집단으로 꽃가루를 운반해 수분을 일으킬 수 있다. 이렇게 운반된 붉은색의 대립 유전자들은 다음 세대의 유전자 빈도를 바꿀 수 있다.

❻ 1. 멘델, 진화
 2. 돌연변이, 자연 선택
 3. 유전적 부동

01 멘델 집단의 유전자 변이를 측정하기 위해서는 그 안에 속한 모든 개체의 모든 유전자 좌위에 위치한 모든 대립 유전자를 헤아릴 필요가 있다. 특정 대립 유전자의 빈도는 개체군 내 대립 유전자의 총합에 대한 개체군 내 특정 대립 유전자의 사본수로 나타낸다. 대립 유전자 A의 빈도는?

- A 대립 유전자가 동형 접합자인 개체의 수(AA) : 90
- 이형 접합자인 개체의 수(Aa) : 40
- a 대립 유전자가 동형 접합자인 개체의 수 (aa) : 70

해설 A의 수 : 180+40=220   a의 수 : 40+140=180
∴A의 빈도 : 220/400=0.55   a의 빈도 : 180/400=0.45   **정답** 0.55

02 어떤 멘델 집단에서 1,000명 중 90명이 미맹이라면 보인자는 몇 명인가? (단, 미맹은 상염색체 열성으로 유전된다.)

해설 q^2=90/1000 ∴q=3/10, p=7/10 보인자=2pq=42/100
∴보인자인 사람=1000×2pq=420명   **정답** 420명

03 남자 50명, 여자 50명으로 이루어진 어느 멘델 집단에서 색맹인 여자가 2명이라면 색맹 유전자를 가지고 있지 않은 사람은 모두 몇 명인가?

해설 여성 중 색맹일 확률 q^2=2/50 ∴q=1/5, p=4/5이다.
색맹 유전자를 가지고 있지 않은 남자는 50명 중에서 XY=p(4/5)이므로 40명이다.
색맹 유전자를 가지고 있지 않은 여자는 50명 중에서 XX=p^2(16/25)이므로 32명이다.
∴색맹 유전자를 가지고 있지 않은 사람=40명+32명=72명   **정답** 72명

확인 콕콕콕!

1. 생물 분류의 목적은 생물 상호 간의 ( )와 ( )을 밝히는 데 있다.
2. 이용 면이나 서식지, 환경 등을 기준으로 분류하는 것을 ( )라 한다.
3. 형태적 특징, 계통적 특징, 생리적 특징, 발생 과정 등을 분류의 기준으로 하는 분류를 ( )라 한다.

1 생물 분류의 목적

생물 상호 간의 유연관계와 진화의 계통을 밝히는 데 있다.

2 생물 분류의 방법

(1) 인위 분류법

① 사람의 인위적인 기준에 따른 분류 방법
② 생물이 인간에게 이용되는 이용 면, 서식지, 환경 등을 기준으로 분류

이용 면에 따른 분류	식용식물, 약용식물, 반려동물 등
서식지에 따른 분류	양지식물, 음지식물 등
환경에 따른 분류	장일식물, 단일식물 등

(2) 자연 분류법

① 생물 상호 간의 유연관계와 진화의 계통에 따른 분류 방법
② 분류의 기준이 되는 형질에는 형태적 특징, 계통적 특징, 생리적 특징, 발생 과정 등이 있다.

  예 선태식물, 양치식물, 종자식물, 무척추동물, 척추동물 등

3 생물 분류 체계

(1) 5계 분류

원핵생물	원핵생물계
진핵생물	원생생물계
	식물계
	균계
	동물계

⑥ 1. 유연관계, 진화의 계통
2. 인위 분류
3. 자연 분류

(2) 3역6계 분류

세균역	진정세균계
고세균역	고세균계
진핵생물역	원생생물계
	식물계
	균계
	동물계

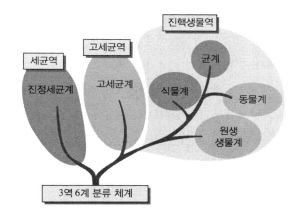

3역 6계 분류 체계

4 생물 분류 계급 : 역 → 계 → 문 → 강 → 목 → 과 → 속 → 종 의 순으로 범위가 좁혀진다.

분류 계급								
분류	역	계	문	강	목	과	속	종
분류의 예								
사람	진핵생물역	동물계	척삭동물문	포유강	영장목	사람과	사람속	사람종
여우	진핵생물역	동물계	척삭동물문	포유강	식육목	개과	여우속	여우종
찔레나무	진핵생물역	식물계	종자식물문	쌍떡잎식물강	장미목	장미과	장미속	찔레나무종

(1) 생물 분류의 가장 큰 단계는 '역'이며 가장 하위 단계인 '종'까지 8단계가 있다.

(2) **생물학적 종의 개념** : 같은 종은 자연 상태에서 자유로이 교배하여 생식 능력이 있는 자손을 낳는 개체의 무리를 말한다.

❻ 1. 세균역, 고세균역, 진핵생물역
2. 진정세균계, 고세균계, 원생생물계, 식물계, 균계, 동물계

용어 해설

• 펩티도글리칸 : 짧은 펩타이드에 다당 사슬이 결합한 화합물로 세균이 형태를 유지할 수 있는 것은 펩티도글리칸층이 세포를 둘러싸고 있기 때문이다.

확인 콕콕콕!

1. 원핵생물에는 (   ), (   )가 있으며 막으로 둘러싸인 뚜렷한 핵이 없다.
2. 원핵생물은 막으로 싸인 세포 소기관은 없고, (   ), (   ), (   ), (   )을 갖고 있으며 (   )으로 된 1개의 염색체(DNA)를 갖는다.
3. 세균계의 세포벽은 (   ) 성분으로 된 세포벽을 갖는다.
4. 세균은 영양 방법에 따라 (   ) 세균과 (   ) 세균으로 나뉜다.
5. 엽록소 a를 갖고 있으며 산소 발생형 광합성을 수행하는 원핵생물을 (   )이라 한다.

정답
1. 세균계, 고세균계
2. 세포벽, 세포막, 핵산, 리보솜, 원형
3. 펩티도글리칸
4. 종속영양, 독립영양
5. 남세균

1 단세포 원핵생물의 특징

(1) 세균역(세균계)과 고세균역(고세균계)이 여기에 속하며 막으로 둘러싸인 뚜렷한 핵이 없다.
(2) 막으로 싸인 세포 소기관(미토콘드리아, 소포체, 골지체, 리소좀, 엽록체)도 없다.
(3) 세포벽, 세포막, 핵산(DNA와 RNA), 리보솜을 갖는다.
(4) 원형으로 된 1개의 염색체(DNA)를 갖는다.
(5) 편모로 운동하기도 하며 일부 세균은 선모(강모)가 있어서 다른 세포에 부착한다.
(6) 모두 단세포이고 분열법으로 증식한다.

2 세균역-세균계(진정세균계)

(1) 세균의 특징

펩티도글리칸으로 구성되어 있는 세포벽을 갖는다.

(2) 세균의 분류

영양 방법에 따라 독립영양 세균과 종속영양 세균으로 나뉜다.

독립영양 세균	광합성 세균	남세균, 녹색황세균
	화학합성 세균	황세균, 질산균
종속영양 세균	병원균	폐렴균, 콜레라균, 대장균
	발효 세균	젖산균
	질소고정 세균	뿌리혹박테리아

• 남세균(흔들말, 염주말) : 엽록소 a와 남조소를 갖고 있으며 산소 발생형 광합성을 수행하는 유일한 원핵생물이며 엽록체의 기원이 되는 광합성 세균이다.

독립영양

1. 광합성 : 빛에너지를 이용하여 유기물을 합성한다.
   (1) 식물의 광합성 : $6CO_2 + 12H_2O \rightarrow C_6H_{12}O_6 + 6O_2 + 6H_2O$
   (2) 세균의 광합성 : $6CO_2 + 12H_2S \rightarrow C_6H_{12}O_6 + 12S + 6H_2O$(녹색황세균)
2. 화학 합성 : 빛에너지 대신 간단한 무기물을 산화시켜 얻은 화학에너지를 이용하여 유기물을 합성한다.
   (1) 무기물의 산화 : 무기물 + $O_2 \rightarrow$ 산화물 + 화학에너지

   (2) 화학 합성 : $6CO_2 + 12H_2O \rightarrow C_6H_{12}O_6 + 6O_2 + 6H_2O$

용어 해설

• 심해 열수구 : 깊은 바다 밑의 지각에서 고온의 물이 솟아 나오는 곳

개정된 용어

• 메탄 → 메테인

확인 콕콕콕!

1. 고세균은 세균과 달리 세포벽에 (　) 성분이 없다.
2. 메테인 생성세균은 무산소 상태에서 살아가는 (　) 세균이다.

3 고세균역−고세균계

(1) 고세균의 특징

① 심해 열수구, 염전, 화산온천과 같은 극단적인 환경에서도 서식한다.

② 세균과 달리 세포벽에 펩티도글리칸 성분이 없고, 세균마다 세포벽을 구성하는 성분의 종류가 다르다.

(2) 고세균의 분류 : 극호염균, 극호열균, 메테인 생성세균

① **극호염균** : 미국의 솔트레이크호, 이스라엘의 사해와 같은 매우 높은 염도 환경에서 서식한다.

② **극호열균** : 황이 풍부한 매우 높은 온도의 화산온천, 심해 열수구에서도 서식한다. 이러한 세균은 100 ℃가 넘는 온도에서도 단백질과 DNA가 변성되지 않고 안정적으로 유지된다.

③ **메테인 생성세균** : 산소에 의해 치명적인 해를 입기 때문에 무산소 환경에서 사는 절대 혐기성 세균으로 산소가 없는 늪지에서 이산화탄소와 수소를 이용하여 메테인을 생성하여 배설물로 방출한다. 소와 같은 초식동물의 소화 기관에도 서식하면서 이들 동물의 영양에 필수적인 역할을 하기도 한다.

❻ 1. 펩티도글리칸
　　2. 혐기성

092 | 세균역, 고세균역, 진핵생물역의 비교

고세균은 세균보다 진핵생물과 유사한 특징을 더 많이 갖고 있으므로 고세균은 세균보다 진핵생물과 유연관계가 더 가깝다.

주요 특징	세균역	고세균역	진핵생물역
핵막과 막으로 싸인 소기관	없다	없다	있다
리보솜	70S	70S	80S
염색체(DNA)	원형	원형	선형
항생제 민감도	생장 억제	생장	생장
시작코돈의 아미노산	포밀메싸이오닌	메싸이오닌	메싸이오닌
펩티도글리칸	있다	없다	없다
히스톤	없다	있다	있다

 Tip

바이러스

1. **바이러스의 특징** : 3역 6계 중 어디에도 속하지 않는 생물과 무생물의 중간 단계로 세균보다 작아서 세균 여과기를 통과하는 여과성 병원체이다.
   (1) 무생물적 특징
      ① 세포 소기관이 없고 세포의 형태를 갖추지 못한다.
      ② 효소가 없어서 물질대사가 일어나지 않는다(숙주 밖에서).
   (2) 생물적인 특징(숙주 내에서)
      ① 숙주의 효소를 이용하여 물질대사가 일어난다.
      ② 핵산(DNA 또는 RNA)이 있어서 자기증식이 가능하다.
      ③ 돌연변이가 나타나며 환경 변화에 적응한다.
2. **바이러스의 종류** : 핵산의 종류와 숙주에 따라 분류한다.
   (1) 핵산의 종류에 따른 분류(DNA 또는 RNA만 갖는다)
      ① DNA 바이러스 : 박테리오파지(T_2 파지)
      ② RNA 바이러스 : 인간면역결핍 바이러스(HIV)
   (2) 숙주에 따라
      ① 동물성 바이러스 : 홍역, 천연두, 소아마비, 인플루엔자, AIDS
      ② 식물성 바이러스 : 담배의 모자이크성 바이러스(TMV)
      ③ 세균성 바이러스 : 박테리오파지(T_2 파지)

093 | 원생생물계

진핵생물 중 식물계, 균계, 동물계 중 어디에도 포함시키기 어려운 생물 무리이다.

1 원생동물류

단세포 생물로 대부분 분열법으로 번식하고, 종속영양을 하며 운동 기관의 종류에 따라 분류한다.

분류	특징	생물의 종류
아메바류	위족으로 운동	아메바
편모류	편모로 운동	트리파노소마(수면병)
섬모류	섬모로 운동	짚신벌레
포자류	운동 기관 없음	말라리아 병원충

2 조류

엽록체가 있어서 독립영양을 하고 분열법 또는 포자로 번식한다.

분류	특징	종류
와편모조류	엽록소 a와 c 함유	김노디니움
규조류	엽록소 a와 c 함유	돌말
갈조류	엽록소 a와 c 함유	미역, 다시마
홍조류	엽록소 a와 d 함유	김, 해인초, 우뭇가사리
녹조류	엽록소 a와 b 및 카로티노이드 함유	파래, 청각, 해감, 클로렐라

3 점균류(변형균류) : 자주먼지곰팡이, 털먼지곰팡이

세포벽이 없으며, 습지나 사체에서 발견되는 종속영양 생물이다.

4 난균류(물곰팡이류) : 물곰팡이

세포벽의 성분은 셀룰로스로 구성되어 있다(균계의 세포벽 : 키틴).

용어 해설

- 수면병 : 체체파리에 쏘여서 트리파노소마가 혈액에 기생하여 생기는 전염병으로 발열, 두통이 나타나며 말기에는 완전 수면 상태가 되어 사망한다.
- 말라리아 : 모기에 물려서 말라리아 병원충이 적혈구에 들어가 적혈구를 파괴하기 때문에 발병하는 것으로 고열과 오한이 3~4일 간격으로 나타난다.
- 포자 : 조류나 균류의 생식세포로 다른 생식세포와 결합하지 않고 단독으로 발아하여 개체가 된다.

확인 콕콕콕!

1. 원생생물은 핵막으로 둘러싸인 핵을 가진 ( )생물이다.
2. 원생생물계는 ( )류, ( )류, ( )류, ( )류로 분류한다.
3. 원생동물은 ( )영양 생물이며, ( )의 종류에 따라 분류한다.
4. 편모류에 속하며, 수면병의 원인이 되는 생물은 ( )이다.
5. 조류에 속하며 엽록소 a와 d를 함유하는 생물은 ( )이다.
6. 조류에 속하며 엽록소 a와 b를 함유하는 생물은 ( )이다.
7. 점균류에는 ( )곰팡이 ( )곰팡이가 있으며, ( )이 없다.
8. 난균류가 갖는 세포벽의 성분은 ( )로 구성되어 있다.

답 1. 진핵
2. 원생동물, 조, 점균, 난균
3. 종속, 운동 기관
4. 트리파노소마
5. 홍조류
6. 녹조류
7. 자주먼지, 털먼지, 세포벽
8. 셀룰로스

1 식물계의 특징

(1) 엽록체가 있어 광합성을 하는 독립영양 생물이다.

(2) 광합성 색소로 엽록소 a와 b, 카로티노이드를 갖고 육상 생활에 적응한다.

(3) 세포벽은 셀룰로스로 되어 있다.

(4) 줄기 및 잎 표면에는 큐티클층이 있어서 건조한 육상 환경에서 수분 손실을 방지한다.

2 식물계의 분류

(1) **선태식물** : 우산이끼, 솔이끼

(2) **양치식물** : 고사리, 쇠뜨기

(3) **종자식물**

겉씨식물		소나무, 잣나무, 전나무, 소철, 은행
속씨식물	외떡잎식물	나란히맥을 갖는 식물 (벼, 보리, 밀, 옥수수)
	쌍떡잎식물	그물맥을 갖는 식물 (무궁화, 목련, 월계수)

3 식물계의 분류 기준

(1) **관다발 유무**

무관속식물(관다발 없음)	선태식물
관속식물(관다발 있음)	양치식물, 종자식물

Tip

관다발

물관	형성층의 안쪽에 있으며 뿌리에서 흡수한 물이 이동하는 통로
체관	형성층의 바깥쪽에 있으며 잎에서 만들어진 양분이 이동하는 통로
형성층	물관과 체관 사이에 있으며 부피 생장을 일으킴

확인 콕콕콕!

1. 관다발을 갖는 관속식물은 (　　)
   식물과 (　　)식물이다.
2. 종자로 번식하는 식물에는 (　　)
   식물과 (　　)식물이 있다.

(2) 종자의 유무

비종자식물	선태식물, 양치식물
종자식물	겉씨식물, 속씨식물

(3) 씨방의 유무

씨방이 없음	겉씨식물
밑씨가 씨방 속에 있음	속씨식물

(4) 속씨식물의 떡잎의 수에 따른 구별

떡잎이 1장	외떡잎식물
떡잎이 2장	쌍떡잎식물

(5) 식물의 계통수

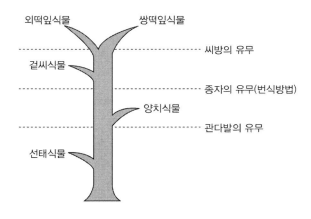

❻ 1. 양치, 종자
   2. 겉씨, 속씨

THEME 095 | 균계

📌 용어 해설

- 균사 : 균류의 몸을 구성하는 가는 실 모양의 세포로서 균사 끝에 포자가 형성된다.
- 키틴 : 질소를 함유한 다당류
- 접합포자 : 접합균류에서 2개의 균사가 접합하여 생긴 포자
- 자낭포자 : 자낭균류의 주머니 모양으로 생긴 자낭 속에서 감수분열에 의해 생긴 포자
- 담자포자 : 담자균류의 곤봉모양으로 생긴 담자병에서 감수분열에 의해 생긴 포자

📖 확인 콕콕콕!

1. 균계는 몸이 (   )로 구성되어 있고 (   )로 번식한다.
2. 균계는 (   )영양 생물이며, (   ) 성분으로 이루어진 세포벽이 있다.
3. 균사의 격벽의 유무와 포자 형성 방법에 따라 (   ), (   ), (   )로 분류한다.
4. (   )는 균사에 격벽이 없고, (   )와 (   )는 균사에 격벽이 있다.
5. 자낭균류에는 (   ), (   ), (   )가 있다.
6. 담자균류에는 (   )이 있다.

📝 1. 균사, 포자
2. 종속, 키틴
3. 접합균류, 자낭균류, 담자균류
4. 접합균류, 자낭균류, 담자균류
5. 푸른곰팡이, 누룩곰팡이, 효모
6. 버섯

1 균계의 특징

(1) 균사로 구성되어 있고 포자로 번식한다.

(2) 균사체에서 외부로 소화 효소를 분비하여 주변 유기물을 분해한 후 흡수한다.

(3) 광합성 색소가 없어서 기생 생활을 하는 종속영양 생물이다.

(4) 키틴 성분으로 이루어진 세포벽이 있다(식물의 세포벽 : 셀룰로스).

(5) 대부분 다세포이다(효모는 균사가 없고 단세포).

(6) 균사의 격벽(격막) 유무와 생식 방법(포자 형성 방법)에 따라 접합균류, 자낭균류, 담자균류로 분류한다.

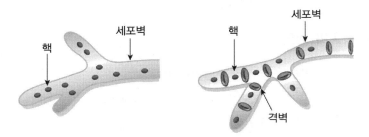

〈격벽이 없는 균사〉　　〈격벽이 있는 균사〉

2 균계의 분류

균사 격벽의 유무	분류	생식 방법	종류
균사에 격벽이 없고 다핵이다	접합균류	접합포자	털곰팡이, 검은빵곰팡이
균사에 격벽이 있다	자낭균류	자낭포자	푸른곰팡이, 누룩곰팡이, 효모
	담자균류	담자포자	버섯

3 균계의 생식

무성생식에 의해 만들어지는 포자와 유성생식에 의해 만들어
지는 포자가 있다.

균류의 무성생식 (환경이 좋을 때)	세포핵의 융합 없이 단지 분열에 의해 포자를 형성하는 경우($n \rightarrow n$)
균류의 유성생식 (환경이 나쁠 때)	2개의 다른 개체가 접합과 같은 방법에 의해 세포핵이 융합한 후 포자를 형성하는 경우($2n \rightarrow n$)

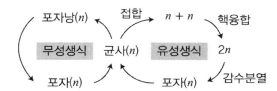

다세포성 진핵생물로 세포벽이 없고, 스스로 양분을 만들지 못하는 종속영양 생물이다.

1 **해면동물** : 변형세포에서 소화(세포 내 소화)

2 **자포동물(강장동물)** : 고착 생활(히드라, 산호, 말미잘), 유영 생활(해파리)

(1) 몸은 방사 대칭(대칭면이 여러 개)으로 되어 있다.

(2) 세포 내외 소화가 모두 일어난다.

3 **편형동물** : 디스토마, 촌충, 플라나리아

(1) 몸은 좌우 대칭이고 편평하다.

(2) 세포 외 소화가 일어난다.

4 **선형동물** : 회충, 요충, 십이지장충, 선충(예쁜꼬마선충, 토양 선충)

(1) 몸은 좌우 대칭으로 원통형이며 체절은 없다.

(2) 회충, 요충, 십이지장충, 편충등 대부분 기생 생활을 하지만, 선충류와 같이 토양과 물속에서 분해자의 역할을 하면서 자유 생활을 하는 것도 있다.

5 **윤형동물** : 윤충

(1) 섬모환(섬모 운동)으로 몸이 바퀴가 돌듯이 회전하여 이동하거나 먹이를 잡는다.

(2) 성체는 연체동물의 유생인 트로코포라와 비슷하다(연체동물과 유연관계로 추정).

✎ 확인 콕콕콕! ────────

1. 동물은 세포벽이 ( )고, 스스로 양분을 만들지 못하는 ( )영양 생물이다.
2. 해면동물은 ( )세포에서 소화가 이루어진다.
3. 해면동물은 세포 ( ) 소화를 하고, 자포동물은 세포 ( ) 소화를 한다.
4. 고착 생활하는 히드라, 산호, 말미잘과 유영 생활을 하는 해파리는 ( )동물에 속한다.
5. 몸이 방사 대칭인 동물은 ( )동물과 ( )동물이 있다.
6. 디스토마, 촌충, 플라나리아는 ( )동물에 속한다.
7. 회충, 요충, 십이지장충, 선충은 ( )동물이며 체절은 없다.
8. 윤형동물은 ( )으로 몸이 바퀴가 돌듯이 회전하여 이동하고 먹이를 잡는다.

❻ 1. 없, 종속
　　2. 변형
　　3. 내, 내외
　　4. 자포
　　5. 자포, 극피
　　6. 편형
　　7. 선형
　　8. 섬모환

6 **연체동물** : 소라, 오징어, 조개

(1) 몸은 좌우 대칭이며 체절은 없다.

(2) 외투막을 갖고 여기에서 분비한 석회질로 몸을 덮는 종류가 많다.

(3) **변태(조개)** : 알 → 트로코포라(=담륜자) → 벨리져 → 성체

7 **환형동물** : 지렁이, 갯지렁이, 거머리

(1) 몸은 좌우 대칭으로 원통형이며 크기가 같은 고리모양의 체절 (동규체절)을 갖는다.

(2) **변태(갯지렁이)** : 알 → 트로코포라(=담륜자) → 로벤 → 성체

8 **절지동물** : 곤충류, 거미류(거미, 전갈, 진드기), 갑각류(새우, 게, 가재), 다지류(지네)

(1) 절지동물은 지구상의 3/4 이상을 차지할 만큼 개체수가 많고 종이 다양하다.

(2) 몸은 좌우 대칭이며 크기가 다른 체절(이규체절)을 갖고 마디가 있는 다리가 있다.

9 **극피동물** : 성게, 불가사리, 해삼

(1) 몸 표면에는 가시나 돌기가 많이 나 있다

(2) 피부 아래에는 석회질의 골판이 모여 골격을 이루고 있다.

10 **척삭동물** : 두삭동물, 미삭동물, 척추동물의 3개 부류로 분류

(1) **두삭동물** : 창고기
- 일생동안 척삭을 갖는다.

(2) **미삭동물** : 우렁쉥이(멍게), 미더덕
- 유생 시기에만 꼬리 부분에 척삭이 나타나고, 성체가 되면 척삭이 퇴화한다.

(3) **척추동물** : 신경관의 앞쪽 끝부분에 뇌가 있고 머리뼈가 형성되고 척추라 불리는 연골 또는 경골구조의 척주가 있다.

097 | 척추동물

용어 해설

• 척추골: 뼈가 아닌 연골로 이루어
진 골격

확인 콕콕콕!

1. 신경관의 앞쪽 끝부분에 뇌가 있
고 머리뼈가 형성된 척삭동물을
(   )이라 한다.
2. 척추동물 중에서 젖을 먹이고 새
끼를 낳는 동물을 (   )라 한다.

척추동물: 신경관의 앞쪽 끝부분에 뇌가 있고 머리뼈가 형성된 척
삭동물

1 먹장어류

몸이 가늘고 기다란 원통형이고 머리뼈는 있으나 턱과 척추는
없고 연골로만 구성된 척추골을 갖는다(꼼지락거린다고 해서 꼼장
어라고도 한다).

2 칠성장어류

몸 옆에 일곱 개의 아가미구멍이 있어 칠성장어라는 이름으로
불린다. 턱과 척추는 없으며 연골로만 구성된 척추골을 갖는다(지방,
비타민 A가 풍부해서 식용이나 약용으로 쓰인다).

3 유악류

가장 체계가 발달된 동물 무리로서 척추동물 중 턱뼈가 발달되
어 있다.

(1) 유악류의 특징

분류	특징과 종류
어류	• 대부분 비늘로 덮여 있고 턱뼈가 발달되었다. • 대부분 체외 수정을 하지만 상어와 같이 체내 수정을 하는 것도 있다.
양서류	• 수중에서 육상 생활로 옮겨지는 중간 단계의 생물로 몸이 피부로 덮여있다. • 개구리, 도롱뇽, 두꺼비, 맹꽁이
파충류	• 육상 생활에 잘 적응하여 몸이 비늘로 덮여 있다. • 뱀, 도마뱀, 악어, 거북
조류	• 몸은 깃털로 덮여 있다. • 앞다리는 날개로 변해 있다.
포유류	• 몸은 털로 덮여 있다. • 젖샘이 있어서 젖을 먹이고 새끼를 낳아 키운다.

❻ 1. 척추동물
  2. 포유류

(2) 척추동물의 비교

	호흡기	양막의 유무	수정	체온	번식 방법
원구류	아가미	무양막류	체외 수정	변온 동물	난생
어류	아가미	무양막류	체외 수정	변온 동물	난생
양서류	아가미, 폐	무양막류	체외 수정	변온 동물	난생
파충류	폐	유양막류	체내 수정	변온 동물	난생
조류	폐	유양막류	체내 수정	정온 동물	난생
포유류	폐	유양막류	체내 수정	정온 동물	태생

(3) 유악류의 계통수

양막 없음		양막 있음	

폐 / 폐 아가미 / 아가미 — 양서류, 어류, 파충류, 조류, 포유류 — 태생·정온 / 난생·변온

Tip

먹장어와 칠성장어를 무악류 또는 원구류로 분류하여 척추동물을 원구류, 어류, 양서류, 파충류, 조류, 포유류로 분류한다.

Tip

척삭동물의 발생단계에서 나타나는 4가지 특징

① 등 쪽에 속이 비어있는 신경다발(다른 동물들은 배 쪽에 속이 찬 신경다발)
② 소화관과 신경다발 사이의 유연하고 긴 막대모양의 척삭
③ 입 뒤의 인두에 위치한 인두열(아가미 틈)
④ 항문 뒤의 근육성 꼬리

★확인 콕콕콕! ─────

1. 척추동물 중 체외 수정을 하며 양막이 없는 동물은 (　), (　), (　)이다.
2. 척추동물 중 정온 동물은 (　), (　)이다.

❻ 1. 원구류, 어류, 양서류
　 2. 조류, 포유류

1 질병

(1) **비감염성 질병** : 고혈압, 당뇨병과 같이 인체 내부 요인에 의해 나타나는 질병으로, 다른 사람에게 전염되지 않는다.

(2) **감염성 질병** : 외부에서 침입한 세균(식중독), 원생동물(말라리아), 곰팡이(무좀), 바이러스(독감) 등의 병원체가 인체 내에 침입한 것이 원인이 되어 나타나는 질병으로, 병원체가 다른 사람에게 옮겨감으로써 전염될 수 있다.

2 병원체의 종류

(1) 프라이온

특징	• 프라이온은 바이러스보다 작으며, 정상적으로 뇌세포에 존재하는 단백질이 잘못 접힌 형태로서 뇌 속에 축적되면 신경세포가 파괴된다. • DNA나 RNA와 같은 핵산 없이 감염을 일으키는 단백질 입자이다.
질병	스크래피(양(洋)이나 염소), 광우병(소), 크로이츠펠트 – 야곱병(퇴행성 뇌질환)

(2) 바이러스

특징	무생물과 생물의 중간형으로 간주된다.	
종류	DNA 바이러스 질환	천연두, 포진(단순포진, 수두, 생식기포진), 박테리오파지
	RNA 바이러스 질환	소아마비, 간염(B형간염 제외), 코로나, 리노바이러스, 장바이러스, 구제역, 홍역, 인플루엔자, 에볼라, 에이즈, 유행성이하선염, 광견병

(3) 세균

특징	• 핵을 가지고 있지 않은 단세포 원핵생물로 스스로 물질대사를 한다. • 대부분 펩티도글리칸이라는 성분으로 이루어진 세포벽을 가지고 있다.
질병	결핵, 패혈증 인두염, 보툴리누스 중독, 세균성 식중독, 괴저, 임질, 매독 등

바이러스와 세균의 비교

	바이러스	세균
세포 구조	비세포 단계이다	세포 구조를 갖추고 있다
크기	작다	크다
물질대사	숙주 없이는 할 수 없다	숙주 없어도 할 수 있다
유전 물질	DNA 또는 RNA를 갖는다	DNA와 RNA를 갖는다
치료제	돌연변이 속도가 빨라서 항바이러스제 개발이 어렵다	항생제 개발이 비교적 용이하다

(4) 원생동물

특징	• 핵을 가지고 있는 진핵생물로 스스로 물질대사를 한다. • 대부분 열대 지방에서 곤충을 통해 인체로 들어와서 증식한다.
질병	말라리아, 아메바성이질, 수면병

(5) 곰팡이

특징	• 핵을 가지고 있는 진핵생물로 스스로 물질대사를 한다. • 곰팡이 포자는 소화, 호흡 기관을 통해 들어오거나 피부에서 번식한다.
질병	만성 폐질환, 뇌막염, 무좀
치료제	항진균제

Tip

병원체의 비교

분류		종류	세포 구조	핵산
무생물		프라이온	없다 (잘못 접힌 단백질)	없다
무생물과 생물의 중간		바이러스	없다 (단백질과 핵산)	DNA 또는 RNA
생물	원핵생물	세균	핵이 없는 세포 구조를 갖는다	DNA와 RNA
	진핵생물	원생동물	핵이 있는 세포 구조를 갖는다	
		곰팡이		

개정된 용어

• 책상 조직 → 울타리 조직

확인 콕콕콕!

1. 식물의 분열 조직에는 길이 생장하는 (　)과 부피 생장하는 (　)이 있다.
2. 식물의 영구 조직에는 (　) 조직, (　) 조직 (　) 조직 (　) 조직이 있다.
3. 식물의 관다발 조직계는 (　), (　), (　)으로 구성된다.

1 식물의 구성 체계

세포 → 조직 → 조직계 → 기관 → 개체

2 식물의 조직 : 분열 조직과 영구 조직이 있다.

(1) **분열 조직** : 세포 분열이 왕성한 조직

① 생장점 : 줄기와 뿌리 끝의 조직으로 길이 생장이 일어난다.

② 형성층 : 물관과 체관 사이에 있으며 부피 생장을 일으킨다.

(2) **영구 조직**

① 표피 조직 : 식물의 표면을 덮고 있는 조직(표피, 공변세포)

② 유조직 : 생명 활동이 활발한 조직(엽록체가 있어 광합성이 왕성한 울타리 조직과 해면 조직)

③ 기계 조직 : 식물체를 튼튼하게 지지하는 조직(섬유 조직)

④ 통도 조직 : 수분이나 양분의 이동 통로가 되는 조직

　　㉠ 물관 : 형성층의 안쪽에 있으며 뿌리에서 흡수한 물과 무기양분의 이동 통로

　　㉡ 체관 : 형성층의 바깥쪽에 있으며 잎에서 합성한 동화양분의 이동 통로

3 식물의 조직계 : 표피 조직계, 관다발 조직계, 기본 조직계가 있다.

(1) **표피 조직계** : 표피 조직으로 되어 있으며 잎, 줄기, 뿌리를 감싸고 있어 내부를 보호한다.

(2) **관다발 조직계** : 물관과 체관, 형성층을 포함한다.

(3) **기본 조직계** : 표피 조직계와 관다발 조직계를 제외한 조직으로 구성된다.

답 1. 생장점, 형성층
2. 표피, 유, 기계, 통도
3. 물관, 체관, 형성층

4 **식물의 기관** : 영양 기관과 생식 기관이 있다.

(1) **영양 기관** : 잎, 줄기, 뿌리

(2) **생식 기관** : 꽃, 열매, 씨

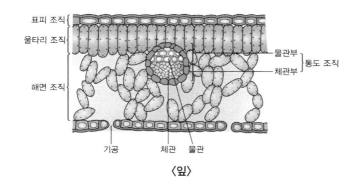

〈잎〉

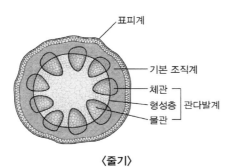

〈줄기〉

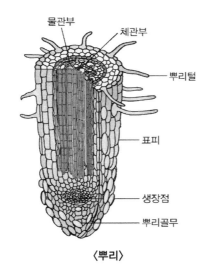

〈뿌리〉

100 | 식물의 증산 작용

확인 콕콕콕!

1. 공변세포가 능동적으로 (   )을 흡수하여 물이 삼투 현상에 의해서 공변세포로 들어오면 (   )이 커져서 기공이 열린다.
2. 공변 세포의 셀룰로스 미세 섬유가 (   )으로 배열되어 있어서 펴지거나 줄어들려고 하지 않기 때문에 기공이 열린다.

1 기공

표피층 사이에는 쌍을 이루고 있는 공변세포가 있으며 공변세포와 공변세포 사이의 틈을 기공이라 한다.

2 공변세포

표피가 변한 것으로 표피에는 엽록체가 없으나 공변세포에는 엽록체가 있다.

3 기공의 개폐

(1) 공변세포가 능동적으로 K^+를 흡수하면 물은 삼투 현상에 의해서 공변세포로 들어온다.

(2) 공변세포는 세포벽 두께가 균일하지 않고(안쪽이 두껍고 바깥쪽이 얇다), 셀룰로스 미세 섬유가 방사상으로 배열되어 있다.

(3) 물이 공변세포로 들어와 팽압이 커지면 두 개의 공변세포는 세포벽이 얇은 바깥쪽으로 부풀어 휜다. 두 개의 공변세포 양 끝은 붙어 있고 세포벽의 셀룰로스 미세 섬유가 펴지거나 줄어들려고 하지 않기 때문에 기공이 열린다.

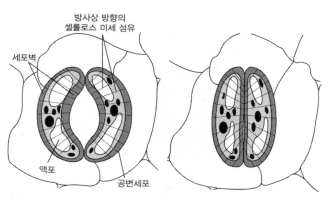

〈세포가 팽팽함(기공 열림)〉   〈세포가 흐늘흐늘함(기공 닫힘)〉

4 증산 작용

식물체 내의 물이 기공을 통해서 수증기의 형태로 증발하는 현상이다.

5 물이 상승하는 원동력

(1) **뿌리압** : 뿌리에서 삼투 현상으로 흡수된 물을 위로 밀어 올리는 힘

(2) **모세관 현상** : 가는관(모세관)을 따라 물이 올라가는 현상

(3) **물의 응집력** : 물 분자끼리 서로 끌어당기는 힘으로 물 분자 1개가 상승하면 주위의 물 분자도 같이 당겨져 올라가게 된다.

(4) **증산 작용** : 물을 상승시키는 가장 큰 원동력이다.

6 식물의 생장에 필요한 다량 원소 : C, O, H, N, K, Ca, Mg, P, S

(1) **N** : 핵산, 단백질, 엽록소의 성분

(2) **S** : 단백질, 조효소의 성분

(3) **P** : 핵산, 인지질, ATP의 성분

(4) **Ca** : 세포벽 형성, 자극에 대한 세포의 반응 조절

(5) **Mg** : 엽록소의 성분, 부족 시 잎의 황화 현상

(6) **K** : 기공의 개폐, 수분의 평형 유지

(7) **Fe** : 미량 원소로서 사이토크롬의 성분, 엽록소 형성에 관여, 부족 시 잎의 황화 현상

7 옥신

(1) 줄기의 끝에서 생성되어 줄기의 생장을 촉진하는 식물의 생장 호르몬이다.

(2) 빛의 반대 방향으로 이동하므로 굴광성(빛에 대한 반응)에 관여한다.

확인 콕콕콕!

1. 식물의 뿌리털에서 물이 상승할 수 있는 원동력은 (   ), (   ) 현상. 물의 (   ), (   )이다.
2. 엽록소의 성분은 아니지만 부족 시 잎의 황화 현상이 나타나는 원소는 (   )이다.

❻ 1. 뿌리압, 모세관, 응집력, 증산 작용
2. Fe

 부록 | 개념 확인 150제

001 나트륨 원자의 원자번호는 11이고 질량수는 23이다. 나트륨 원자가 가지고 있는 양성자 수, 전자 수, 중성자 수를 옳게 나타낸 것은?

	양성자 수	전자 수	중성자 수
①	11	11	12
②	11	12	11
③	12	11	12
④	12	12	11

002 pH=7인 용액은?

① OH^- 이온으로만 되어 있는 용액이다.
② H^+ 이온으로만 되어 있는 용액이다.
③ OH^- 이온과 H^+ 이온의 양이 같은 용액이다.
④ OH^- 이온보다 H^+ 이온이 많은 용액이다.

003 물의 특성으로 옳지 않은 것은?

① 생물체 내 각종 물질의 용매로 작용하여 물질의 흡수와 이동을 쉽게 한다.
② 비열이 커서 체온 유지에 유리하다.
③ 기화열이 커서 땀을 흘려 체온 조절을 쉽게 할 수 있다.
④ 효소의 성분으로 물질의 분해를 촉진한다.

004 다음 중 탄수화물에 포함되지 않는 것은?

① 글리세르 알데하이드   ② 글리세롤

③ 갈락토스   ④ 글리코젠

005 아미노산에 대한 설명으로 옳지 않은 것은?

① 핵산의 구성단위이다.

② 아미노산은 탄소 원자에 아미노기와 카복시기로 구성된다.

③ 아미노산의 종류는 곁사슬의 종류에 의해 결정되며, 20종류가 있다.

④ 아미노산과 아미노산의 결합을 펩타이드 결합이라 한다.

006 핵산에 대한 설명으로 옳지 않은 것은?

① S(황)은 핵산의 구성 원소이다.

② RNA는 단일사슬 구조로 되어 있다.

③ DNA에는 없고 RNA에만 있는 염기는 U(유라실)이다.

④ DNA는 유전자의 본체이며 이중 나선 구조로 되어 있다.

007 핵산을 구성하는 뉴클레오타이드를 구성하는 것은?

① 염기 – 당

② 염기 – 인산

③ 당 – 인산

④ 염기 – 당 – 인산

008 다음의 설명 중 옳지 않은 것은?

① 광합성은 동화 작용이며 흡열 반응이다.

② 호흡은 이화 작용이며 ATP에 에너지가 저장되는 흡열 반응이다.

③ 동화 작용은 간단한 저분자 물질을 복잡한 고분자 물질로 합성하는 과정이다.

④ 이화 작용은 복잡한 고분자 물질을 간단한 저분자 물질로 분해하는 과정이다.

009 ATP에 대한 다음의 설명 중 옳지 않은 것은?

① 에너지를 저장하는 장소이다.
② ATP가 갖는 당과 DNA가 갖는 당은 같다.
③ 아데노신에 3개의 유기인산이 결합되어 있다.
④ ATP에서 ADP로 될 때 약 7.3kcal의 에너지가 발생한다.

010 핵과 세포막에 대한 설명으로 옳지 않은 것은?

① 핵막은 단백질과 인지질로 구성된 이중층의 이중막 구조이다.
② 단백질과 DNA로 구성된 실 모양의 염색사는 막으로 구성되어 있지 않다.
③ 세포막은 세포질을 싸고 있는 단백질과 인지질로 구성된 이중층의 막 구조이다.
④ 인지질 분자는 소수성인 머리 부분과 친수성인 꼬리 부분으로 되어 있다.

011 미토콘드리아에 대한 설명 중 옳지 않은 것은?

① ATP의 생성 장소이다.
② 호흡 효소가 있는 세포 호흡 장소이다.
③ 외막과 내막의 이중막 구조이다.
④ 동화작용이 일어나는 장소이다.

012 다음 중 리보솜에서 합성되는 것은?

① 글리코젠　　　　　② 스테로이드
③ 단백질　　　　　　④ 인지질

013 지질을 합성하고 Ca^{2+}을 저장하는 세포 소기관은?

① 리보솜　　　　　　② 매끈면 소포체
③ 골지체　　　　　　④ 거친면 소포체

014 다음 중 골지체가 특히 많이 발달되어 있는 조직은?

① 신경 조직　　　　　　　② 샘 조직

③ 근육 조직　　　　　　　④ 결합 조직

015 리소좀에 대한 설명으로 옳지 않은 것은?

① 에너지(ATP)를 생성한다.

② 손상된 세포 소기관을 자가 소화하기도 한다.

③ 식포와 결합해서 식균작용을 한다.

④ 가수분해 효소를 많이 가지고 있다.

016 세포 소기관과 그 기능을 잘못 연결한 것은?

① 엽록체 – 광합성 장소　　　　② 핵 – 핵산 함유

③ 리소좀 – 단백질 합성　　　　④ 매끈면 소포체 – 지질 합성

017 다음 세포 소기관 중 DNA를 함유해서 자기증식이 가능한 것은?

① 미토콘드리아, 엽록체, 핵　　② 핵, 골지체, 인

③ 핵, 리보솜, 소포체　　　　　④ 리보솜, 인, 골지체

018 백혈구에 특히 많은 세포 소기관은?

① 리소좀　　　　　　　　　② 미토콘드리아

③ 골지체　　　　　　　　　④ 리보솜

019 식물세포에서 빛에너지를 화학에너지로 바꾸는 장소는?

① 엽록체　　　　　　　　　② 미토콘드리아

③ 골지체　　　　　　　　　④ 리보솜

020 엽록체와 미토콘드리아가 갖는 공통점으로 옳지 않은 것은?

① 2중막으로 구성되어 있다.　② DNA를 갖는다.

③ 물질대사에 관여한다.　④ 분비작용이 활발하게 일어난다.

021 다음 중 중심체에 대한 설명으로 옳지 않은 것은?

① 세포 분열 시 방추사를 형성한다.

② 섬모나 편모를 형성한다.

③ 주로 동물세포에서 관찰된다.

④ 세포 분열 과정에서만 볼 수 있다.

022 세포벽의 설명 중 잘못된 것은?

① 식물의 경우 대부분 셀룰로스가 주성분이다.

② 전 투과성이다.

③ 기계적 지지 작용을 한다.

④ 세포 내 섭취 작용이 일어난다.

023 다음 세포 소기관 중에서 막 구조가 아닌 것은?

① 리소좀　② 미토콘드리아

③ 골지체　④ 리보솜

024 동화 작용에 관련된 기관들끼리 묶은 것은?

① 중심체와 골지체　② 중심액포와 매끈면 소포체

③ 리보솜과 엽록체　④ 리소좀과 미토콘드리아

25 다음 중 식균 작용(식세포 작용)은 어느 작용에 해당하는가?

① 삼투
② 세포 외 배출 작용
③ 능동 수송
④ 세포 내 섭취 작용

26 다음 중 효소에 대한 설명으로 옳지 않은 것은?

① 대부분의 효소는 고온에서 변성된다.
② 일부의 효소는 비타민의 도움을 받는다.
③ 최적 활성도로 보이는 pH는 효소에 따라 다르다.
④ 효소는 지질이 주성분인 생체 촉매이다.

27 체세포 분열 전기의 특징으로 옳지 않은 것은?

① 염색사가 응축되어 염색체로 된다.
② 중심체가 양극으로 이동된다.
③ 핵막과 인이 사라진다.
④ DNA가 복제된다.

28 다음 중 체세포분열 과정에서 G_1기 S기 G_2기 M기를 거치는 동안 DNA량이 가장 적은 것은?

① G_1기
② S기
③ G_2기
④ M기

29 다음의 감수 분열에 대한 설명으로 옳지 않은 것은?

① 상동 염색체는 감수 1분열에서 분리된다.
② 염색분체는 감수 2분열에서 분리된다.
③ DNA는 감수 1분열 전 간기 때와 감수 1분열과 감수 2분열 사이에서 복제된다.
④ 감수 분열을 하는 세포는 두 번의 연속적인 분열이 일어난다.

030 다음 중 체세포 분열과 감수 분열에 대한 설명으로 옳지 않은 것은?

① 체세포 분열 시에는 상동 염색체의 접합이 일어나지 않는다.

② 감수 2분열 중에 있는 세포는 감수 1분열 중에 있는 세포가 갖는 염색체 수의 절반만 갖고 있다.

③ 감수 2분열 시의 분리 양상은 체세포 분열과 동일하다.

④ 감수 분열이 끝난 후 4개의 딸세포 유전자 조성은 동일하다.

031 다음 중 멘델의 분리의 법칙에 관한 설명으로 옳은 것은?

① 우성동형과 열성동형 사이에서는 우성의 형질이 나타난다.

② 대립 유전자 쌍은 배우자 형성 시 분리되어 전달된다.

③ 서로 다른 대립 유전자는 배우자 형성 시 독립적으로 행동한다.

④ F_2 세대에서 3:1의 비율이 나타난다.

032 멘델의 독립의 법칙에 대한 설명 중 잘못된 것은?

① 각각의 대립 형질이 서로 다른 염색체 상에 있을 때만 성립된다.

② 각각의 대립 형질은 서로 간섭하지 않는다.

③ 각각의 대립 형질이 같은 염색체 상에 있을 때도 성립된다.

④ 두 쌍 이상의 대립 형질을 대상으로 한 유전이다.

033 어떤 개체의 유전자형이 AaBbCc라고 할 때, 이 개체로부터 만들어질 수 있는 생식 세포는 모두 몇 가지인가? (단, 세 쌍의 유전자는 서로 독립되어 있으며 돌연변이는 없다.)

① 2가지   ② 4가지

③ 6가지   ④ 8가지

34 A와 b, a와 B가 연관되어 있으며 유전자형이 AaBb인 개체를 자가교배하여 생긴 자손의 유전자형을 조사했을 때 A_B_ : A_bb : aaB_ : aabb의 비율은?

① 2 : 1 : 1 : 0   ② 1 : 0 : 0 : 1

③ 3 : 0 : 0 : 1   ④ 0 : 1 : 1 : 0

35 할아버지와 외할아버지가 미맹이고 부모는 모두 정상인 가정에서 미맹인 아들이 태어날 확률은? (단, 미맹 유전자는 상염색체 위에 있고 열성으로 유전된다.)

① 12.5%   ② 20%

③ 25%   ④ 50%

36 외할아버지가 색맹이고 부모는 모두 정상인 가정에서 색맹인 아들이 태어날 확률은?

① 12.5%   ② 20%

③ 25%   ④ 50%

37 초파리 수컷 염색체는 XY이고 암컷 염색체는 XX이며 눈 색깔 조절 유전자는 X염색체 위에 있다. 붉은 눈이 흰 눈에 대해서 우성일 경우 흰 눈 수컷과 이형 접합인 붉은 눈 암컷을 교배했을 때 나타나는 자손의 붉은 눈과 흰 눈 색깔의 비는?

① 붉은 눈 : 흰 눈 = 1 : 1   ② 붉은 눈 : 흰 눈 = 4 : 0

③ 붉은 눈 : 흰 눈 = 0 : 4   ④ 붉은 눈 : 흰 눈 = 3 : 1

038 그림은 사람의 어떤 유전병에 대한 가계도이다. 이 가계도에 대한 해석으로 옳지 않은 것은? (단, 우성 유전자는 A, 열성 유전자는 a로 표시한다.)

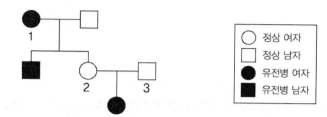

① 이 유전병은 상염색체에 있는 유전이다.
② 이 유전병은 우성 형질이다.
③ 1은 동형 접합이다.
④ 2와 3 사이에서 정상인 아이가 태어날 확률은 75%이다.

039 다음 중 염색체 숫자 이상에 의한 돌연변이끼리 묶은 것은?

ㄱ. 고양이 울음 증후군	ㄴ. 다운 증후군
ㄷ. 클라인펠터 증후군	ㄹ. 낫모양 적혈구빈혈증
ㅁ. 터너 증후군	

① ㄱ, ㄹ
② ㄴ, ㄷ, ㄹ
③ ㄱ, ㄷ, ㄹ
④ ㄴ, ㄷ, ㅁ

040 다음 동물의 조직 중에서 결합 조직이 아닌 것은?
① 힘줄
② 근육
③ 뼈
④ 인대

041 어떤 사람이 탄수화물 100g, 지방 200g, 비타민 10g, 물 1000g을 섭취하였다면 이 사람이 얻을 수 있는 열량은?
① 810kcal
② 1200kcal
③ 2200kcal
④ 3200kcal

042 소화 기능에 대한 설명으로 옳은 것은?

① 침에는 아밀레이스와 말테이스가 있다.

② 위에서 단백질의 소화가 완전히 이루어진다.

③ 쓸개즙에는 지방의 소화에 관여하는 효소가 분비된다.

④ 이자액에는 라이페이스가 있다.

043 음식물이 소화 흡수되어 혈관으로 들어간 뒤 처음으로 가는 기관은?

① 간   ② 림프관

③ 가슴관   ④ 이자

044 다음 영양소 중 효소가 작용한 후에 흡수가 가능한 영양소는?

① 아미노산   ② 녹말

③ 무기염류   ④ 비타민

045 다음 중 융털의 암죽관으로 흡수되는 영양소는?

① 단당류   ② 아미노산

③ 비타민 A, D, E   ④ Ca^{2+}, Na^+

046 〈보기〉는 혈액의 응고 과정을 순서 없이 나열한 것이다. 혈액의 응고 과정 순서가 바르게 된 것은?

〈보기〉	
A. 피브린의 형성	B. 혈병의 형성
C. 트롬빈의 형성	D. 혈소판의 파괴
E. 트롬보키네이스의 작용	

① D → E → C → A → B   ② D → C → B → A → E

③ D → E → A → C → B   ④ D → C → E → A → B

047 혈액 응고 단계 중 가장 마지막 단계는?

① 프로트롬빈이 트롬빈으로 된다.   ② Ca^{2+}이 작용한다.

③ 피브리노젠이 피브린으로 된다.   ④ 트롬보키네이스가 작용한다.

048 인간 면역 결핍 바이러스(HIV)가 인간의 면역계를 약화시킬 때 그 주요 감염 대상이
되는 것은?

① B 세포   ② 도움 T 세포

③ 형질세포   ④ 세포독성 T 세포

049 백신과 면역 혈청에 대한 설명으로 옳지 않은 것은?

① 인공 면역에 속한다.

② 병에 걸린 후 면역을 형성하도록 한다.

③ 백신은 독성을 약화시킨 항원이다.

④ 면역 혈청은 다른 동물에 항원을 주사해서 만든 항체를 주사하는 방법이다.

050 B형의 혈액을 A형인 사람에게 소량이라도 수혈하면 응집 반응이 일어나는 이유는?

① B형의 응집원 B와 A형의 응집소 α가 응집한다.

② B형의 응집원 B와 A형의 응집소 β가 응집한다.

③ B형의 응집소 α와 A형의 응집원 A가 응집한다.

④ B형의 응집소 α와 A형의 응집원 B가 응집한다.

051 Rh^- 이며 A형인 철수의 혈액을 소량이라도 수혈 받을 수 없는 사람은?

① Rh^+ A형   ② Rh^+ AB형

③ Rh^- A형   ④ Rh^- O형

052 다음 중 사람의 심장에서 CO_2가 많은 정맥혈을 폐순환계로 보내는 것은?

① 우심방

② 우심실

③ 좌심방

④ 좌심실

053 다음 사람의 순환계에 대한 설명으로 옳지 않은 것은?

① 우심실과 폐동맥 사이에 삼첨판이 있어서 혈액의 역류를 방지한다.

② 대동맥은 좌심실로부터 나가는 혈액이 흐른다.

③ 좌심방과 좌심실 사이에 이첨판이 있어서 혈액의 역류를 방지한다.

④ 우심방과 우심실에는 정맥혈이 흐른다.

054 혈관의 여러 가지 특성에 대해 잘못 설명한 것은?

① 혈압은 동맥 > 모세 혈관 > 정맥의 순이다.

② 정상인의 경우 좌심실이 수축할 때 혈압은 약 120mmHg, 좌심실이 이완할 때 혈압은 약 80mmHg 정도이다.

③ 정맥에는 혈액의 역류를 방지하는 구조가 있다.

④ 정맥에서의 혈액 이동은 주로 혈압에 의해 이루어진다.

055 조직액과 림프에 대한 설명으로 옳지 않은 것은?

① 혈장 성분이 모세 혈관 벽을 통해 나온 것이다.

② 혈액과 조직 세포 사이에서 물질 교환을 중개한다.

③ 림프관에는 역류를 방지하는 판막이 있다.

④ 림프관에는 적혈구와 백혈구가 있다.

056 다음 중 공기가 폐로 들어가는 경로가 옳은 것은?

① 비강 → 인두 → 후두 → 기관 → 기관지 → 세기관지 → 폐포

② 비강 → 후두 → 인두 → 기관 → 기관지 → 세기관지 → 폐포

③ 인두 → 후두 → 비강 → 기관 → 기관지 → 세기관지 → 폐포

④ 인두 → 비강 → 후두 → 기관 → 기관지 → 세기관지 → 폐포

057 호흡에 관한 설명으로 옳지 않은 것은?

① 기체 교환의 원리는 분압차에 의한 확산이다.
② 폐포의 산소 분압이 모세 혈관의 산소 분압보다 높다.
③ 조직세포의 산소 분압이 모세 혈관의 산소 분압보다 낮다.
④ 조직세포의 이산화탄소의 분압이 모세 혈관의 이산화탄소 분압보다 낮다.

058 다음 중 헤모글로빈과 산소의 결합을 촉진하는 조건들로 묶인 것은?

① 산소 분압이 높을 때, 이산화탄소 분압이 낮을 때, 중성, 저온
② 산소 분압이 높을 때, 이산화탄소 분압이 낮을 때, 산성, 저온
③ 산소 분압이 높을 때, 이산화탄소 분압이 낮을 때, 염기성, 저온
④ 산소 분압이 낮을 때, 이산화탄소 분압이 높을 때, 산성, 고온

059 체내 호흡의 결과 생성된 CO_2는 혈액에서 대부분 어떤 형태로 운반되는가?

① CO_2 ② $HbCO_2$
③ H_2CO_3 ④ HCO_3^-

060 다음 중에서 질소 노폐물이 생기는 경우는?

① 포도당이 분해될 때   ② 젖산이 분해될 때
③ 아미노산이 분해될 때   ④ 지방산이 분해될 때

061 암모니아가 요소로 합성되는 곳은?

① 이자   ② 간
③ 콩팥   ④ 쓸개

062 콩팥의 단위인 네프론의 구성은?
① 사구체＋보먼주머니
② 세뇨관＋콩팥깔대기＋모세 혈관
③ 보먼주머니＋세뇨관＋콩팥깔대기
④ 사구체＋보먼주머니＋세뇨관

063 사구체에서 압력에 의해 보먼주머니로 여과되는 물질이 아닌 것은?
① 포도당
② 아미노산
③ 혈장 단백질
④ 물

064 다음 중 세뇨관에서 재흡수되지 않는 물질은?
① 포도당
② 무기염류
③ 단백질
④ 요소

065 시각기에 대한 다음 설명으로 옳지 않은 것은?
① 홍채 : 빛을 굴절시켜 망막에 상을 맺게 한다.
② 맹점 : 시신경이 모여 나가는 곳으로 시세포가 없어서 상이 맺혀도 보이지 않는다.
③ 원뿔세포 : 밝은 곳에서는 반응하며 색깔을 구별한다.
④ 막대세포 : 약한 빛을 수용하고, 명암·형태를 구분한다.

066 높은 산에 올라가면 귀가 멍멍하고 소리가 잘 들리지 않는 현상과 관계있는 기관은?
① 반고리관
② 안뜰기관
③ 달팽이관
④ 귀인두관

067 다음 중 반고리관에 대한 설명으로 옳지 않은 것은?

① 관성력에 의한 감각모의 움직임을 감지한다.

② 회전 감각에 관여한다.

③ 림프액으로 채워진 세 개의 고리로 되어 있다.

④ 몸의 균형을 유지한다.

068 뉴런에 대한 설명으로 옳지 않은 것은?

① 감각 기관의 자극을 중추에 전달해주는 뉴런을 감각 뉴런이라 한다.

② 축삭을 여러 겹으로 싸고 있어서 형성된 것을 말이집이라 한다.

③ 축삭 돌기 곳곳에 말이집이 없어서 축삭이 노출된 부분을 랑비에 결절이라 한다.

④ 시냅스에서 시냅스 전 뉴런의 가지 돌기로부터 시냅스 후 뉴런의 축삭 돌기로 자극이 전달된다.

069 다음은 뉴런에 자극을 주었을 때 전위의 변화를 나타낸 것이다. 그림에 대한 설명으로 옳은 것은?

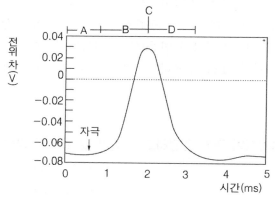

① A 시기에는 에너지가 소비되지 않는다.

② B 시기에는 Na^+이 세포막 안쪽으로 이동한다.

③ C 시기에는 세포막의 바깥쪽은 (+), 안쪽은 (−)로 대전되어 있다.

④ D 시기에는 K^+이 세포막 안쪽으로 이동한다.

070 탈분극이 일어날 때와 재분극이 일어날 때 나타나는 축삭 돌기의 세포막에서의 이온 출입을 옳게 나타낸 것은?

	탈분극이 일어날 때	재분극이 일어날 때
①	Na^+이 세포막 안으로 확산	K^+이 세포막 밖으로 확산
②	Na^+이 세포막 밖으로 확산	K^+이 세포막 안으로 확산
③	K^+이 세포막 밖으로 확산	Na^+이 세포막 안으로 확산
④	K^+이 세포막 안으로 확산	Na^+이 세포막 밖으로 확산

071 활동전위의 생성 및 소멸과정이 바르게 나열된 것은?

① 칼륨의 유입 – 탈분극 – 나트륨의 유출 – 재분극
② 나트륨의 유입 – 재분극 – 칼륨의 유출 – 재분극
③ 칼슘의 유입 – 재분극 – 나트륨의 유출 – 탈분극
④ 나트륨의 유입 – 탈분극 – 칼륨의 유출 – 재분극

072 중추 신경계의 각 구성 영역과 그 주요 기능의 연결이 옳지 않은 것은?

① 대뇌 : 고등인지 기능과 복잡한 행동 반응 계획
② 소뇌 : 신체의 균형을 유지하고 대뇌와 함께 수의 운동 조절
③ 연수 : 안구 운동과 동공 수축 조절
④ 시상하부 : 내분비계와 신경계를 조화시켜 항상성 유지

073 뜨거운 것을 만졌을 때 자신도 모르게 손을 떼는 것은 중추 신경계 중 어디와 관계가 있는가?

① 대뇌   ② 시상 하부
③ 연수   ④ 척수

074 다음 중 자율 신경계의 길항 작용이 옳게 짝지어진 것은?

		교감 신경	부교감 신경
①	방광	확장	수축
②	호흡	억제	촉진
③	소화관 운동	촉진	억제
④	눈동자	축소	확대

075 다음 중 뇌하수체 전엽에서 분비되는 호르몬이 아닌 것은?

① TSH   ② ACTH
③ ADH   ④ FSH

076 음식을 짜게 먹어서 체내 삼투압이 높아졌을 때 예상되는 체내 반응으로 옳은 것은?

① ADH 분비 증가, 수분 재흡수 촉진
② ADH 분비 증가, 수분 재흡수 억제
③ ADH 분비 감소, 수분 재흡수 촉진
④ ADH 분비 감소, 수분 재흡수 억제

077 다음 중 서로 길항 작용하는 호르몬끼리 짝지어진 것은?

① 인슐린 - 티록신   ② 에피네프린 - 글루카곤
③ 옥시토신 - 프로락틴   ④ 칼시토닌 - 부갑상샘 호르몬

078 다음 중 정자와 염색체의 핵상이 일치하는 것은?

ㄱ. 난원세포	ㄴ. 제1 난모세포
ㄷ. 제2 난모세포	ㄹ. 제1 극체
ㅁ. 난세포	

① ㄱ, ㄷ, ㅁ   ② ㄷ, ㅁ
③ ㄴ, ㄹ, ㅁ   ④ ㄷ, ㄹ, ㅁ

079 여성의 생식 주기에 관한 설명으로 옳지 않은 것은?

① 월경이 끝나면 에스트로젠의 양은 감소한다.

② 에스트로젠의 농도가 증가하면 자궁내막도 두꺼워진다.

③ 월경이 시작되고 약 2주 후에 여포가 파열되고 배란이 일어난다.

④ 배란 직전 황체 형성 호르몬은 최대로 분비된다.

080 다음 중 난소에서의 배란을 촉진하는 호르몬은?

① FSH

② LH

③ 에스트로젠

④ 프로제스테론

081 여성의 생식 주기에 대한 설명으로 옳은 것은?

① 14일을 주기로 한다.

② LH는 뇌하수체 후엽에서 분비된다.

③ FSH는 에스트로젠의 분비를 억제한다.

④ 수정이 이루어지지 않으면 FSH의 분비가 촉진된다.

082 어느 강물의 BOD를 측정하기 위하여 병 2개에 강물을 채취하였다. 그중 하나의 DO를 측정하였더니 10ppm이었다. 다른 하나는 마개로 막고 5일 동안 두었다가 DO를 측정하였더니 4ppm이었다. 이 강물의 BOD는?

① 2ppm

② 4ppm

③ 6ppm

④ 10ppm

083 생태계와 환경에 대한 설명으로 옳지 않은 것은?

① 빛에너지를 이용하여 무기물로부터 유기물을 합성하는 생물을 생산자라고 한다.

② 동일한 생태계 내에서 생활하는 같은 종의 무리를 개체군이라 한다.

③ 포식자와 피식자의 상호 작용은 생태적 지위가 비슷한 경우에 일어나는 동일한 생활 요구 조건에 대한 싸움이다.

④ 생물 다양성에는 유전적 다양성, 종 다양성, 생태계 다양성이 있다.

O84 다음 중 해당 작용 과정에서 생성되는 것이 아닌 것은?
① ADP   ② 젖산
③ NADH   ④ ATP

O85 TCA 회로에서 ATP를 생성하는 것은 무엇의 결과인가?
① 화학 삼투   ② 순환적 광인산화
③ 기질 수준 인산화   ④ 산화적 인산화

O86 피루브산 1분자가 TCA 회로와 전자 전달계를 거쳐 분해될 때 ATP를 생성하는 단계는?
① 피루브산 → 아세틸 CoA
② 아세틸 CoA → 시트르산
③ 시트르산 → α - 케토글루타르산
④ α - 케토글루타르산 → 석신산

O87 다음 중 시트르산 회로에서 만들어지지 않는 것은?
① ATP   ② NADH
③ $FADH_2$ ④ H_2O

O88 시트르산 회로에서 조효소 CoA와 반응하여 아세틸 CoA로 되는 물질은?
① 피루브산   ② α - 케토글루타르산
③ 석신산   ④ 옥살아세트산

O89 다음 중에서 TCA 회로와 관계없는 유기산은?
① 시트르산   ② α - 케토글루타르산
③ 젖산   ④ 옥살아세트산

090 피루브산 1분자가 시트르산 회로를 한 번 돌 때, 다음의 산물은 각각 몇 분자씩 생성되는가?

	$NADH+H^+$	$FADH_2$	CO_2	ATP
①	3분자	1분자	2분자	1분자
②	3분자	2분자	3분자	1분자
③	4분자	1분자	3분자	1분자
④	8분자	2분자	6분자	2분자

091 세포 호흡 과정에서 전자의 최종 수용체는?

① H_2O ② O_2

③ NAD^+ ④ 포도당

092 모든 에너지 방출 대사 경로 중에서 유산소 호흡이 당분자로부터 가장 많은 ATP를 얻는다. 유산소 호흡 시 포도당 한 분자에서 생기는 ATP의 총수는?

① 18ATP   ② 24ATP

③ 26ATP   ④ 38ATP

093 다음 중 세포 호흡과 발효에서 공통적으로 일어나는 과정은?

① 해당 과정   ② 시트르산 회로

③ 전자 전달계   ④ 화학 삼투에 의한 ATP 생성

094 세포 호흡과 발효에 대한 다음의 설명 중 옳지 않은 것은?

① 세포 호흡은 포도당이 완전 분해되고, 발효는 불완전 분해된다.

② 세포 호흡과 발효는 해당 과정이 일어난다.

③ 세포 호흡과 발효는 이화작용이며 발열반응이다.

④ 세포 호흡보다 발효가 더 많은 ATP를 생성한다.

095 엥겔만은 가장 많은 산소가 발생되는 파장을 어떻게 측정하였는가?

① 혐기성 박테리아   ② 호기성 박테리아

③ 고대 박테리아   ④ 해캄 주변의 색소 변화

096 그래프는 양지식물과 음지식물의 빛의 세기에 따른 광합성량을 CO_2의 출입으로 나타낸 것이다.

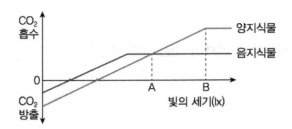

이에 대한 설명으로 옳은 것을 〈보기〉에서 모두 고르면?

〈보기〉

ㄱ. A일 때, 두 식물의 총 광합성량은 같다.

ㄴ. B일 때, 두 식물의 호흡량은 같다.

ㄷ. 양지식물이 음지식물보다 보상점과 광포화점이 높다.

① ㄱ   ② ㄴ

③ ㄷ   ④ ㄱ, ㄴ

097 광합성 색소 중 카로틴과 잔토필의 기능은?

① 빛을 받으면 전자를 방출한다.

② 전자 전달계에 관여한다.

③ 주로 청자색광과 적색광의 빛을 흡수한다.

④ 엽록소 a의 안테나 색소로 식물이 이용할 수 있는 파장의 범위를 확대해준다.

098 식물의 광합성에서 반응의 중심이 되는 색소는?

① 엽록소 a   ② 엽록소 b

③ 카로틴   ④ 크산토필

099 다음 중 광합성의 명반응에 대한 설명으로 옳은 것은?

① 산소가 발생한다.

② 포도당이 생성된다.

③ NADPH가 $NADP^+$로 된다.

④ 엽록체의 스트로마에서 일어난다.

100 명반응의 순환적 광인산화 반응과 비순환적 광인산화 반응에서 공통으로 생성되는 물질은 무엇인가?

① O_2

② ATP와 NADPH

③ NADPH

④ ATP

101 P_{680}으로 알려져 있는 엽록소의 산화된 전자를 환원시켜 주는 물질은?

① 광계 I

② 광계 II

③ H_2O

④ NADPH

102 엽록체의 ATP의 화학삼투 합성에서 H^+이 ATP 합성효소를 통하여 이동하는 방향은?

① 스트로마에서 틸라코이드 내부

② 틸라코이드 내부에서 스트로마

③ 엽록체의 막 사이 공간에서 기질

④ 세포질에서 막 사이 공간

103 광합성의 캘빈회로에 대한 설명으로 옳은 것은?

① 포도당이 산화되는 과정이다.

② 이산화탄소를 고정하는 과정이다.

③ ATP를 생성한다.

④ 물이 분해되는 과정을 포함한다.

104 식물의 캘빈회로 과정에서 가장 먼저 합성되는 최초의 물질은 무엇인가?

① RuBP   ② 3-PG

③ G3P   ④ 포도당

105 광합성의 캘빈회로에서 인산글리세르산이 환원되어 글리세르알데하이드3인산으로 될 때 수소를 공급하는 공급원은?

① NADPH   ② NADH

③ $FADH_2$ ④ H_2O

106 세포 호흡의 전자 전달계와 광합성 과정의 전자 전달에서 ATP를 생성하는 원리는?

① H^+의 농도 차이   ② O_2의 농도 차이

③ ATP 합성효소의 차이   ④ 사이토크롬 농도 차이

107 산화적 인산화 반응과 광인산화 반응의 공통점은 무엇인가?

① 양성자 기울기가 형성된다.

② 두 반응은 모두 H_2O가 생성된다.

③ 최종 전자 수용체는 산소이다.

④ 두 반응에 관여하는 전자 전달계는 서로 같다.

108 다음의 두 반응에 대한 설명으로 옳지 않은 것은?

> (가) $C_6H_{12}O_6 + 6O_2 + 6H_2O \rightarrow 6CO_2 + 12H_2O$
>
> (나) $6CO_2 + 12H_2O \rightarrow C_6H_{12}O_6 + 6O_2 + 6H_2O$

① (가)는 에너지를 방출하는 발열반응이다.

② (가)는 복잡한 물질을 간단한 물질로 분해하는 이화작용이다.

③ (나)는 에너지를 흡수하는 흡열반응이다.

④ (가)와 (나)는 모든 생물에게서 일어나는 반응이다.

109 질소동화 작용에 대한 설명으로 옳지 않은 것은?

① 토양 속의 무기질소 화합물을 질산염(NO_3^-)이나 암모늄염(NH_4^+)의 상태로 흡수한다.

② NH_4^+은 α-케토글루타르산에서 카복시기를 받아 글루탐산으로 된다.

③ NH_4^+은 NO_3^-으로 산화된 후 아미노산 합성에 이용된다.

④ 글루탐산은 아미노기 전이 효소의 작용으로 여러 가지 아미노산이 생성된다.

110 DNA 구조에 대한 설명 중 잘못된 것은?

① 4종류의 염기는 아데닌, 구아닌, 티민, 사이토신이다.

② DNA를 구성하는 뉴클레오타이드는 염기, 리보스, 인산으로 구성되어 있다.

③ DNA 이중 나선 구조는 바깥쪽에 인산−당 골격을 가지고, 안으로는 염기가 서로 마주보는 두 가닥 사슬이다.

④ DNA의 두 가닥은 서로 역평행이다.

111 DNA를 복제할 때 새로 들어오는 뉴클레오타이드를 결합시키는 데 필요한 에너지는 어디에서 오는가?

① DNA 중합효소

② DNA의 당−인산 골격에 있는 인산기

③ 새로 들어오는 뉴클레오타이드의 피로인산이 가수분해될 때 나오는 에너지

④ ATP의 마지막 인산기의 가수분해

112 DNA 복제 시 불연속적인 복제는 DNA의 어떤 성질 때문에 나타나는가?

① 상보적 염기   ② 음전하를 띤 인산기

③ 수소 결합   ④ 역평행 구조

113 다음 중 DNA 복제에 관한 설명으로 옳지 않은 것은?

① DNA 복제는 특정 지점으로부터 시작된다.

② 두 가닥이 연속적으로 합성된다.

③ DNA 합성 방향은 항상 5′→3′ 방향으로 일어난다.

④ 핵 내에서 DNA 중합효소에 의해 진행된다.

114 50개의 아미노산으로 된 단백질 합성에 관계하는 mRNA의 뉴클레오타이드는 몇 개인가?

① 25개   ② 50개

③ 150개   ④ 2000개

115 다음 설명 중 옳지 않은 것은?

① mRNA의 코돈과 상보적인 관계에 있는 tRNA의 염기를 안티코돈이라 한다.

② 하나의 아미노산을 지정하는 코돈은 3개의 뉴클레오타이드로 이루어져 있다.

③ AUG는 메싸이오닌을 지정하는 코돈이며 개시 코돈이다.

④ mRNA의 코돈인 UAA에 상보적인 안티코돈은 AUU이다.

116 다음 중 전사와 번역에 관한 설명으로 옳지 않은 것은?

① RNA에서는 T 대신 U가 A와 짝을 이룬다.

② 64개의 가능한 코돈 중 61개는 아미노산을 결정하고 3개는 정지코돈을 지정한다.

③ DNA 각각의 가닥은 동시에 RNA의 주형으로 작용할 수 있다.

④ 세포 내에서 RNA를 생성하는 과정을 전사라 하고 단백질을 생성하는 과정을 번역이라 한다.

117 다음 설명 중 옳지 않은 것은?

① DNA 합성은 단지 5′→3′으로 진행된다.

② AUG는 시작코돈으로 메싸이오닌을 암호화하고 있다.

③ 아미노산은 총 64개의 코돈에 의하여 암호화되어 있다.

④ 진핵세포에서 유전자의 복제는 여러 군데서 동시에 일어난다.

118 m-RNA의 염기서열이 다음과 같을 때 주형 DNA의 염기 서열은?

5′ − GGUAUC − 3′

① 3′ − GGUAUC − 5′   ② 3′ − GGTATC − 5′
③ 3′ − CCATAG − 5′   ④ 3′ − TTACAG − 5′

119 다음 중 tRNA에 대한 설명으로 옳지 않은 것은?

① DNA 주형으로부터 전사된다.
② tRNA의 3′ 말단 CCA로 끝나는 부분에 아미노산이 결합한다.
③ tRNA는 이중 나선 구조이다.
④ mRNA 코돈과 결합하는 3염기조인 안티코돈을 포함하고 있다.

120 폴리펩타이드 생성 과정을 순서대로 배열하면?

1. 펩티딜 tRNA가 A 위치에서 P 위치로 이동되고 아미노산과 떨어진 tRNA는 E 위치에서 리보솜을 떠난다.
2. A 위치에서 펩타이드 결합이 형성된다.
3. A 자리의 mRNA 코돈과 상보적인 안티코돈을 가지고 있는 아미노아실 tRNA가 염기쌍을 형성한다.
4. 리보솜의 큰 소단위체가 와서 붙으면 번역개시 복합체가 완성된다.
5. mRNA에 작은 소단위체와 개시 tRNA가 결합한다.

① 5 - 4 - 3 - 2 - 1   ② 4 - 5 - 2 - 1 - 3
③ 5 - 4 - 2 - 1 - 3   ④ 5 - 4 - 1 - 2 - 3

121 단백질 합성의 번역과정에서 일어나는 방식 중 옳지 않은 것은?

① 리보솜은 mRNA의 3′ 말단 방향으로 1개의 코돈만큼씩 이동한다.
② A 위치에서 P 위치로 tRNA의 이동이 일어난다.
③ 방출인자에 의해 단백질 합성이 종결되어도 단백질 합성 기구는 그대로 남아 있다.
④ 종결코돈이 리보솜의 A 자리에 오면 tRNA 대신 방출인자가 A 자리의 종결코돈에 결합한다.

122 단백질 번역 과정에서 이동이 일어나는 방식 중 옳지 않은 것은?

① 리보솜은 mRNA의 3′ 말단 방향으로 3개의 염기만큼씩 이동한다.

② E 위치에서의 아미노산이 붙어 있지 않은 tRNA가 분리된다.

③ P 위치에서 펩타이드 결합이 일어난다.

④ 아미노아실 tRNA가 A 위치로 들어온다.

123 DNA 염기 배열이 3′-TTGCAA-5′일 때 tRNA 염기 배열로 맞는 것은?

① 5′ − TTCGAA − 3′

② 3′ − AACGUU − 5′

③ 5′ − UUGCAA − 3′

④ 3′ − UUGCAA − 5′

124 대장균에서 젖당 오페론을 활성화시키는 것은?

① 포도당

② 과당

③ 억제물질

④ 젖당

125 다음 중 플라스미드에 관한 설명으로 옳지 않은 것은?

① 대장균의 생존과 증식에 필수적이다.

② 플라스미드를 이용해 인슐린과 같은 유용한 단백질을 생산할 수 있다.

③ 벡터로 사용된다.

④ 대장균에 기생하는 작은 고리모양의 DNA이다.

126 그림은 어떤 세균 속에 있는 플라스미드의 구조로서 항생제인 엠피실린과 테트라사이클린에 저항하는 저항성 유전자를 갖고 있다. 만약 B 유전자의 화살표 한 위치에 다른 유전자를 끼웠다면 이 세균은 어떻게 되겠는가?

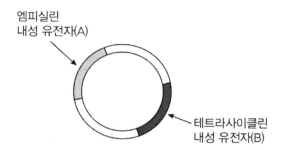

① 엠피실린에 대해서 저항성이 없어진다.
② 테트라사이클린이 있는 배양액에서 이 세균은 살지 못한다.
③ 엠피실린이 있는 배양액에서 이 세균은 살지 못한다.
④ 테트라사이클린에 대한 저항성이 더 강해진다.

127 DNA를 재조합할 때 필요하지 않은 것은?
① 벡터
② 제한효소
③ DNA 중합효소
④ DNA 연결효소

128 단일 클론 항체를 생산할 때 사용하는 유전자 기술은?
① 세포 융합
② 유전자 재조합
③ 유전자 치료
④ 핵 치환

129 다음과 같은 생명 공학 기술 중에서 세포 융합 기술을 이용한 것은?
① 인슐린 유전자를 미생물에 삽입시켜 인슐린을 대량 생산한다.
② 배아 줄기세포를 이용하여 환자에게 이식했을 때 면역 거부 반응이 일어나지 않는 세포를 얻는다.
③ 정상 유전자를 주입하여 낫모양 적혈구빈혈증 환자를 치료한다.
④ B 림프구와 암세포를 융합하여 단일 클론 항체를 대량 생산한다.

130 그림은 생명 공학 기술을 이용하여 유전자 이상에 의한 낫모양 적혈구빈혈증을 치료하는 과정을 나타낸 것이다.

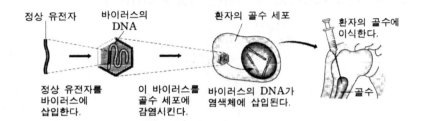

정상 유전자　바이러스의 DNA　환자의 골수 세포　환자의 골수에 이식한다.

정상 유전자를 바이러스에 삽입한다.　이 바이러스를 골수 세포에 감염시킨다.　바이러스의 DNA가 염색체에 삽입된다.　골수

위 과정과 관련된 설명이나 추론으로 옳은 것을 모두 고른 것은?

> ㄱ. 유전자 재조합 기술이 사용되었다.
> ㄴ. 바이러스는 유전자 운반체로 이용되었다.
> ㄷ. 이 환자의 모든 세포는 정상적인 유전자를 가지게 될 것이다.
> ㄹ. 이 환자의 자손은 정상 유전자 산물을 갖지 않는다.

① ㄱ, ㄴ　　　　　　　　　② ㄴ, ㄷ
③ ㄷ, ㄹ　　　　　　　　　④ ㄱ, ㄴ, ㄹ

131 그림은 사람의 유방암 세포에서 추출한 특정 항원을 쥐에 주입하여 단일 클론 항체를 생산하는 과정을 나타낸 것이다.

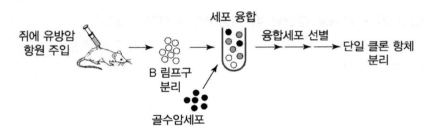

쥐에 유방암 항원 주입　B 림프구 분리　세포 융합　융합세포 선별　단일 클론 항체 분리　골수암세포

이에 대한 설명으로 옳은 것을 모두 고른 것은?

> ㄱ. 융합세포의 항체 생산 능력은 B 림프구에서 유래한다.
> ㄴ. 유방암 항원은 융합세포가 빠르게 분열할 수 있도록 한다.
> ㄷ. 생성된 단일 클론 항체에 항암제를 부착하면 유방암 치료에 사용이 가능하다.

① ㄱ　　　　　　　　　　② ㄴ
③ ㄱ, ㄷ　　　　　　　　　④ ㄴ, ㄷ

132 다음 중 가장 늦게 출현했을 것으로 예상되는 생물은?

① 혐기성 세균
② 호기성 세균
③ 녹색 황세균
④ 남세균

133 원핵세포에서 진핵세포로의 진화의 일부분으로 세포막의 함입 과정에서 무엇이 형성되는가?

① 리보솜
② 미토콘드리아
③ 핵막
④ 엽록체

134 유전자풀은 소집단에서 우연하게 변하기 쉽다는 개념을 무엇이라 하는가?

① 자연선택
② 유전자 흐름
③ 유전적 부동
④ 돌연변이

135 남자가 100명, 여자가 100명인 어떤 부락이 있다. 이 중에서 9명의 여자가 색맹이라고 할 때, 이론상 색맹인 남자는 몇 사람이 있겠는가? (단, 이 집단은 멘델 집단이다.)

① 10명
② 30명
③ 40명
④ 50명

136 다음은 어떤 집단(멘델 집단)에서 사람의 유전 형질 중 귀지의 유전을 조사한 것이다.

> 귀지에는 바삭바삭한 건형과 찐득찐득한 습형이 있다. 이 대립 형질은 습형이 건형에 대하여 우성이다. 어떤 집단 10,000명 중에서 습형인 사람은 1,900명이었고, 건형인 사람은 8,100명이었다.

습형 유전자를 A로, 건형 유전자를 a로 표시할 때, 습형 중 잡종(Aa)인 사람의 수는?

① 400명
② 800명
③ 1,200명
④ 1,800명

137 다음 중 진화에 영향을 미치는 요인이 아닌 것은?

① 환경에 의한 변이　　　　② 자연 선택

③ 이주와 격리　　　　　　④ 유전적 부동

138 다음 중 원핵세포와 모든 진핵세포가 공통으로 갖는 것은?

① 리보솜　　　　　　　　② 소포체

③ 세포벽　　　　　　　　④ 미토콘드리아

139 고세균 영역에 대한 설명 중 잘못된 것은?

① 메테인 생성 세균, 극호 염성 세균, 극호 열성 세균을 포함한다.

② 일부의 고세균은 100℃ 이상에서도 자랄 수 있다.

③ 진핵생물보다 박테리아와 유사한 점이 더 많다.

④ 펩티도글리칸이 없는 세포벽을 가지고 있다.

140 다음 중 관다발을 갖는 비종자 식물은?

① 솔이끼　　　　　　　　② 고사리

③ 소나무　　　　　　　　④ 벼

141 겉씨식물과 속씨식물의 구분 기준으로 옳은 것은?

① 종자의 유무　　　　　　② 씨방의 유무

③ 잎맥의 모양　　　　　　④ 관다발 유무

142 다음 중 균계의 특징이 아닌 것은?

① 엽록소가 없어서 종속영양을 한다.

② 균사로 구성되어 있으며, 포자로 번식한다.

③ 대부분 다세포로 되어 있으며 키틴 성분으로 이루어진 세포벽이 있다.

④ 환경이 좋을 때는 유성 생식을 하고 환경이 나빠지면 무성 생식을 한다.

143 균류를 접합균류, 자낭균류, 담자균류로 나누는 기준은?

① 포자의 유무　　　　　　　　② 생식의 방법
③ 엽록소의 유무　　　　　　　④ 격벽의 유무

144 다음 동물의 특징에 대한 설명 중 옳지 않은 것은?

① 자포동물은 몸이 방사 대칭으로 되어 있다.
② 윤형동물은 섬모환으로 회전하며 이동한다.
③ 연체동물은 외투막을 갖고 여기에서 분비한 석회질로 몸을 덮는다.
④ 환형동물과 절지동물의 공통 유생은 트로코포라이다.

145 척추동물 중에서 변온 동물이며 체내 수정을 하는 동물은?

① 붕어　　　　　　　　　　　② 개구리
③ 뱀　　　　　　　　　　　　④ 닭

146 다음의 분류 중에서 가장 많은 종을 포함하고 있는 것은?

① 연체동물　　　　　　　　　② 척추동물
③ 절지동물　　　　　　　　　④ 환형동물

147 다음은 사람의 질병을 나타낸 것이다.

㈎ 고혈압, 당뇨병, 신부전증	㈏ 천연두, 인플루엔자, 에이즈
㈐ 말라리아, 수면병	㈑ 결핵, 임질, 매독

이에 대한 설명으로 옳은 것만을 있는 대로 고른 것은?

ㄱ. ㈎의 질병은 타인에게 전염되지 않는 비감염성 질병이다.
ㄴ. ㈏의 질병을 일으키는 병원체는 핵막이 없는 세포로 되어 있다.
ㄷ. ㈐와 ㈑의 질병은 세균에 의한 질병이다.

① ㄱ　　　　　　　　　　　　② ㄴ
③ ㄱ, ㄴ　　　　　　　　　　④ ㄱ, ㄷ

148 다음 중 바이러스의 특징에 대한 설명으로 옳지 않은 것은?

① 바이러스는 핵산과 단백질로 구성되어 있다.

② 바이러스는 생물체 밖에서 결정체로 추출이 가능하다.

③ 바이러스는 종류에 따라 유전 물질이 다를 수 있다.

④ 바이러스는 가장 작은 세포 구조로 되어 있다.

149 식물체의 대부분을 차지하는 조직으로 원형질이 풍부하고 생명 활동이 활발한 살아 있는 세포로 구성된 조직은?

① 표피 조직   ② 유조직

③ 기계 조직   ④ 통도 조직

150 증산 작용에 대한 설명으로 옳지 않은 것은?

① 공변세포로 K^+이 능동적으로 축적되면 팽압이 커진다.

② 증산 작용은 식물체 내의 물이 기공을 통해서 수증기의 형태로 증발하는 현상이다.

③ 뿌리압은 물을 상승시키는 가장 큰 원동력이다.

④ 물이 공변세포로 들어와 공변세포가 팽창하면 기공이 열린다.

1	2	3	4	5	6	7	8	9	10
①	③	④	②	①	①	④	②	②	④
11	12	13	14	15	16	17	18	19	20
④	③	②	②	①	③	①	①	①	④
21	22	23	24	25	26	27	28	29	30
④	④	④	③	④	④	④	①	③	④
31	32	33	34	35	36	37	38	39	40
②	③	④	①	①	③	①	②	④	②
41	42	43	44	45	46	47	48	49	50
③	④	①	②	③	①	③	②	②	②
51	52	53	54	55	56	57	58	59	60
④	②	①	④	④	①	④	①	④	③
61	62	63	64	65	66	67	68	69	70
②	④	③	③	④	④	④	④	②	①
71	72	73	74	75	76	77	78	79	80
④	③	④	①	③	①	④	④	①	②
81	82	83	84	85	86	87	88	89	90
④	③	③	②	③	④	④	①	③	③
91	92	93	94	95	96	97	98	99	100
②	④	①	④	②	③	④	①	①	④
101	102	103	104	105	106	107	108	109	110
③	②	②	②	①	①	①	④	③	②
111	112	113	114	115	116	117	118	119	120
③	④	②	③	④	③	③	③	③	①
121	122	123	124	125	126	127	128	129	130
③	③	④	④	④	③	③	①	④	④
131	132	133	134	135	136	137	138	139	140
③	②	③	③	②	④	①	①	③	②
141	142	143	144	145	146	147	148	149	150
②	④	②	④	③	③	①	④	②	③

001 원자번호＝양성자 수＝전자 수＝11
원자량(원자의 질량)＝양성자 수＋중성자 수이
므로 중성자 수＝23－11＝12가 된다.

002 pH=7인 중성 수용액의 $[H^+]$는 $\frac{1}{10^7}$ 이고 $[OH^-]$도
$\frac{1}{10^7}$ 이므로 그 곱은 $\frac{1}{10^{14}}$ 이 된다.

003 효소의 주성분은 단백질이다.

004 글리세롤은 지질에 속한다.

005 아미노산은 단백질의 구성단위이다.

006 S(황)은 단백질의 구성원소이다.

007 핵산을 구성하는 뉴클레오타이드는 염기－
당－인산이 1 : 1 : 1로 구성되어 있다.

008 호흡은 이화 작용으로 에너지가 발생되므로
발열 반응이며 발생된 에너지가 ATP에 저
장된다.

009 ATP가 갖는 당은 리보스이고 DNA가 갖는
당은 디옥시리보스이다.

010 인지질 분자는 친수성인 머리 부분과 소수
성인 꼬리 부분으로 되어 있다.

011 미토콘드리아는 이화작용(호흡)이 일어나는
장소이다.

012 리보솜은 단백질 합성 장소이다.

013 매끈면 소포체는 지질을 합성하고 Ca^{2+}을 저장하는 세포 소기관이다.

014 골지체가 특히 많이 발달되어 있는 조직은 분비 작용이 활발한 샘 조직이다.

015 에너지를 생성하는 기관은 미토콘드리아이다.

016 단백질 합성하는 소기관은 리보솜이다.

017 DNA를 함유해서 자기증식이 가능한 기관은 미토콘드리아, 엽록체, 핵이다.

018 백혈구는 식균 작용을 하므로 리소좀이 특히 많다.

019 빛에너지를 화학에너지(포도당)로 바꾸는 장소는 광합성 장소인 엽록체이다.

020 분비작용이 활발하게 일어나는 곳은 골지체이다.

021 세포 분열 과정에서도 볼 수 있지만 세포 분열이 일어나지 않을 때도 항상 볼 수 있다.

022 세포 내 섭취 작용은 세포막에서 일어난다.

023 인, 리보솜, 중심체는 막 구조가 아니다.

024 리보솜에서는 단백질 합성이 일어나고 엽록체에서는 광합성이 일어난다.

025 식균 작용(식세포 작용)은 주머니를 만들어 세균을 세포 내로 끌어들이는 세포 내 섭취 작용이다.

026 효소는 단백질이 주성분인 생체 촉매이다.

027 DNA가 복제되는 시기는 간기이다.

028 복제가 일어나기 전인 G_1기의 DNA량이 가장 적다.

029 DNA는 감수 1분열 전 간기 때만 복제된다.

030 체세포 분열이 끝난 후의 딸세포 유전자 조성은 동일하지만 감수 분열이 끝난 후 4개의 딸세포 유전자 조성은 동형 접합일 경우는 동일하지만 이형 접합일 경우는 다르다.

031 분리의 법칙은 대립 유전자 쌍이 배우자 형성 시 서로 분리되어 전달된다는 법칙이다.

032 각각의 대립 형질이 같은 염색체 상에 있을 때는 연관되어 행동하므로 독립의 법칙에 어긋난다.

033 AaBbCc의 생식세포는 ABC, ABc, AbC, Abc, aBC, aBc, abC, abc 8가지이다.

034 A와 b, a와 B가 연관되어 있는 것은 상반연관이므로 AaBb인 개체를 자가교배하여 자손의 유전자형 A_B_ : A_bb : aaB_ : aabb의 비율은 2 : 1 : 1 : 0이다.

035 할아버지와 외할아버지가 미맹(aa)이고 부모는 모두 정상이라면 부모는 Aa이다.
Aa와 Aa 사이에서 미맹이 될 확률은 $\frac{1}{4}$이고, 아들일 확률은 $\frac{1}{2}$이므로 $\frac{1}{4} \times \frac{1}{2} = \frac{1}{8}$이다.

036 외할아버지가 색맹이고 어머니가 정상이므로 X′X이고 아버지도 정상이므로 XY이다. X′X와 XY 사이에서 생긴 자녀는 X′X, X′Y, XX, XY이므로 색맹인 아들(X′Y)이 태어날 확률은 $\frac{1}{4}$이다.

037 흰 눈 수컷(X′Y)과 이형 접합인 붉은 눈 암컷(X′X) 사이에서 생긴 초파리는 X′X′(흰눈♀), X′X(붉은눈♀), X′Y(흰눈♂), XY(붉은눈♂)이므로 붉은 눈 : 흰 눈=1 : 1이다.

038 2와 3 사이에서 유전병인 자녀가 태어났으므로 유전병은 열성으로 유전되는 형질이다.

39 낫모양 적혈구빈혈증은 유전자 돌연변이이고, 고양이 울음 증후군은 염색체 구조 이상에 의한 돌연변이이다.

40 근육은 근육 조직에 속한다.

41 탄수화물 100g×4kcal=400kcal, 지방 200g×9kcal=1800kcal, 비타민 10g×0kcal=0kcal, 물 1000g×0kcal=0kcal이므로 400kcal+1800kcal =2200kcal

42 ① 침에는 말테이스는 없다.
② 위에서 단백질이 폴리펩타이드까지만 소화된다.
③ 쓸개즙에는 지방의 소화효소는 없고 지방의 소화를 돕는 작용을 한다.

43 혈관으로 들어갔으므로 수용성 양분이고 간문맥을 통해서 간으로 들어간다.

44 녹말은 아밀레이스와 말테이스에 의해서 포도당으로 분해되어야 흡수될 수 있다.

45 융털의 암죽관으로 흡수되는 영양소는 지용성 양분이며 비타민 A, D, E는 지용성 비타민이다.

46 혈액이 공기에 노출되면 혈소판이 파괴된다.

47 혈액 응고 단계 중 가장 마지막 단계에서 피브리노젠이 피브린으로 되어 혈구와 함께 혈병을 만든다.

48 인간 면역 결핍 바이러스는 도움 T 세포를 감염시킨다.

49 백신은 병에 걸리기 전에 예방을 하기 위한 것이다.

50 주는 사람의 응집원과 받는 사람의 응집소가 응집한다.

51 Rh^-는 소량의 경우 Rh^+, Rh^- 모두 수혈이 가능하지만 A형은 O형에게 수혈할 수 없다.

52 조직에서 생긴 CO_2를 받은 정맥혈은 대정맥과 우심방을 거쳐 우심실에서 폐동맥을 지나서 폐로 들어간다.

53 우심실과 폐동맥 사이에 반월판이 있어서 혈액의 역류를 방지한다.

54 정맥에서 혈액의 흐름은 정맥 주변에 있는 근육의 수축과 이완에 의해 혈관이 압력을 받아 흐른다.

55 림프관에는 백혈구는 있지만 적혈구는 없다.

56 공기는 비강과 인두를 거쳐서 후두로 들어간다.

57 조직세포의 이산화탄소의 분압이 모세혈관의 이산화탄소 분압보다 높기 때문에 이산화탄소는 조직세포에서 모세혈관으로 확산된다.

58 산소 분압이 높고 이산화탄소 분압이 낮으면 중성으로 된다.

59 CO_2는 대부분 혈액 안에서는 HCO_3^-의 형태로 운반된다.

60 단백질이 분해될 때 암모니아와 같은 질소 노폐물이 생성된다.

61 단백질이 분해될 때 생성된 암모니아는 간에서 독성이 적은 요소로 합성되어 콩팥을 통해 배설된다.

62 네프론은 사구체+보먼주머니+세뇨관으로 구성된다.

63 혈장 단백질은 분자량이 커서 여과되지 않는다.

064 단백질은 여과가 일어나지 않으므로 재흡수도 일어나지 않는다.

065 빛을 굴절시켜 망막에 상을 맺게 하는 것은 수정체이다.

066 압력조절해주는 기관은 귀인두관이다.

067 반고리관은 몸의 균형을 감각하는 기관이고, 몸의 균형을 유지하는 것은 소뇌이다.

068 시냅스 전 뉴런의 축삭 돌기로부터 시냅스 후 뉴런의 가지 돌기로 자극이 전달된다.

069 B시기는 탈분극되는 시기이므로 Na^+이 세포막 안쪽으로 이동한다.

070 탈분극이 일어날 때는 나트륨 통로가 열리고, 재분극이 일어날 때는 칼륨 통로가 열린다.

071 나트륨이 유입되어 탈분극이 일어나고 칼륨이 유출되어 재분극이 일어난다.

072 안구 운동과 동공 수축 조절의 중추는 중뇌이다.

073 머리를 제외한 부분의 반사 중추는 척수이다.

074 ①을 제외한 나머지 선택지는 모두 반대이다.

075 ADH(항이뇨호르몬)은 뇌하수체 후엽에서 분비되는 호르몬이다.

076 체액의 농도가 높아지면 ADH 분비가 증가되어 수분 재흡수를 촉진한다.

077 서로 반대되는 작용을 하여 내장 기관의 작용을 조절하는 것을 길항 작용이라 한다. 칼시토닌은 혈액의 Ca^{2+} 농도를 감소시키고 부갑상샘 호르몬인 파라토르몬은 혈액의 Ca^{2+} 농도를 증가시킨다.

078 난원세포, 제1 난모세포의 핵상은 2n이고, 제2 난모세포, 제1 극체, 난세포의 핵상은 n이다.

079 월경이 끝나면 에스트로젠의 양은 증가한다.

080 LH(황체형성호르몬)에 의해서 여포가 파열되고 배란이 일어난다.

081 수정이 이루어지지 않으면 월경이 일어나면서 FSH의 분비가 촉진된다.

082 BOD＝채수 즉시 측정한 DO－5일간 보관한 후 측정한 DO이므로 이 강물의 BOD는 10ppm－4ppm＝6ppm이 된다.

083 생태적 지위가 비슷한 경우에 일어나는 동일한 생활 요구 조건에 대한 싸움은 경쟁이라 한다.

084 젖산은 발효 과정으로 젖산 발효에서 생성된다.

085 해당 과정과 TCA 회로에서는 기질 수준 인산화에 의한 ATP를 생성이다.

086 α-케토글루타르산에서 석신산이 될 때 ATP가 생성된다.

087 H_2O는 전자전달계에서 생성된다.

088 피루브산은 조효소 CoA와 반응하여 아세틸 CoA로 된다.

089 TCA 회로에서 젖산은 관여하지 않는다.

090 피루브산 1분자는 시트르산 회로에서 4분자의 $NADH+H^+$, 1분자의 $FADH_2$, 3분자의 CO_2, 1분자의 ATP를 생성한다.

091 세포 호흡 과정에서 전자의 최종 수용체는 O_2이며 전자와 수소를 받아서 H_2O로 된다.

092 해당 과정에서 2ATP, 시트르산 회로에서 2ATP, 산화적 인산화에서 34ATP가 생성되어 포도당 한 분자로부터 38ATP가 생성된다.

093 발효와 세포 호흡에서 공통적으로 일어나는 과정은 해당 과정이다.

094 발효는 불완전 분해되므로 완전 분해되는 세포 호흡보다 소량의 ATP를 생성한다.

095 해캄이 청자색광과 적색광에서 광합성을 왕성하게 하여 산소의 발생이 많아졌기 때문에 호기성 세균은 청자색광과 적색광이 비치는 곳에 많이 모인다.

096 A와 B에서 양지식물과 음지식물의 호흡량이 다르므로 총 광합성량도 다르다.

097 카로틴과 잔토필은 보조색소로서 엽록소가 잘 흡수하지 못하는 파장의 빛을 흡수하여 반응 중심색소인 엽록소 a로 전달해 주는 색소이다.

098 광합성의 반응 중심 색소는 엽록소 a이다.

099 명반응은 물이 수소와 산소로 광분해되는 과정이다.

100 순환적 광인산화 반응에서는 ATP가 생성되고 비순환적 광인산화 반응에서는 ATP와 NADPH가 생성된다.

101 H_2O이 분해될 때 나온 전자가 산화된 P_{680}을 환원시켜 준다.

102 틸라코이드 내부에서 스트로마로 H^+이 ATP 합성효소를 통하여 확산될 때 ATP가 합성된다.

103 캘빈회로는 이산화탄소를 고정하여 포도당을 생성하는 과정이다.

104 CO_2가 RuBP와 결합하여 3-PG가 된다.

105 NADH와 $FADH_2$는 세포 호흡에서 작용한다.

106 H^+의 농도 기울기에 의해 H^+이 ATP 합성효소가 있는 통로를 통해 확산될 때 ATP를 생성하게 된다. 이 같은 과정을 화학 삼투라고 한다.

107 양성자(H^+) 기울기를 형성하여 ATP를 생성한다.

108 (나)는 광합성이며 주로 식물에서 일어난다.

109 NO_3^-은 NH_4^+으로 환원된 후 아미노산 합성에 이용된다.

110 리보스는 RNA를 구성하는 5탄당이고, DNA를 구성하는 5탄당은 디옥시리보스이다.

111 새로 들어오는 뉴클레오타이드는 인산기를 3개 갖고 있다가 인산기 2개가 떨어지면서 나오는 에너지에 의해서 기존에 있던 뉴클레오타이드 3'의 OH 말단에 인산기를 결합하게 된다.

112 이중 나선의 두 가닥 DNA는 서로 반대 방향을 향하고 있는 역평행 구조이므로 한쪽 가닥에서는 5' → 3' 방향으로 연속적으로 복제가 진행되는 선도 가닥이 형성되지만, 다른 쪽 가닥에서는 어느 정도 DNA가 풀어진 다음에 5' → 3' 방향으로 조금씩 복제되기 때문에 연속적이 아닌 작은 조각(오카자키 절편)으로 나누어져 복제가 진행되는 지연 가닥이 형성된다.

113 한 가닥이 연속적으로 합성되고 다른 가닥은 불연속적으로 합성되어 오카자키 절편이 생긴다.

114 3개의 염기로 이루어진 뉴클레오타이드가 하나의 아미노산을 지정하므로 50개의 아미노산을 합성하는 데 관계하는 mRNA의 뉴클레오타이드는 150개이다.

115 정지코돈에 상보적인 안티코돈은 없다.

116 DNA의 이중 나선에서 어느 하나의 사슬에서만 전사가 일어나며, 이때 전사에 쓰이는 DNA 사슬을 주형 가닥이라고 한다.

117 정지코돈은 아미노산을 암호화 하지 않으므로 아미노산은 총 61개의 코돈에 의하여 암호화되어 있다.

118 역평행구조이므로 $3' - CCATAG - 5'$이다.

119 mRNA, rRNA, tRNA 모두 단일 사슬 구조로 되어 있다.

120 폴리펩타이드를 생성하는 과정은 5-4-3-2-1의 순으로 일어난다.

121 방출인자에 의해 단백질 합성이 종결되면 리보솜의 대단위체, 소단위체, mRNA는 모두 분리된다.

122 A 위치에서 펩타이드 결합이 일어난다.

123 DNA $3' - TTGCAA - 5'$
mRNA $5' - AACGUU - 3'$
tRNA $3' - UUGCAA - 5'$

124 젖당이 조절 유전자에서 만들어진 억제 물질에 결합하여 억제 물질이 불활성화되며, 그 결과 억제 물질이 작동자에 결합하지 못하게 된다. 따라서 프로모터에 RNA 중합효소가 결합하여 구조 유전자에서 mRNA로 전사가 시작되면서 젖당 오페론이 활성화된다.

125 플라스미드는 대장균의 생존과 증식에 필수적이지는 않은 고리모양의 DNA이다.

126 테트라사이클린 내성 유전자에 다른 유전자를 끼워 넣었으므로 테트라사이클린에 대한 저항성은 없어져서 테트라사이클린이 있는 배양액에서 이 세균은 죽는다.

127 DNA 중합효소는 DNA복제과정에서 필요한 효소이다.

128 단일 클론 항체는 융합된 세포의 증식을 통해 얻어낸 특정 항원에 대한 항체를 말한다.

129 ①, ③ 유전자 재조합
② 핵 치환

130 이 환자의 모든 세포가 정상적인 유전자를 갖게 되는 것은 아니고 정상 유전자가 주입된 골수세포가 정상적인 유전자를 갖게 되는 것이다.

131 유방암 항원을 주입하는 것은 유방암 항원에 대한 단일 클론 항체를 생성하기 위한 것이고, 골수암세포를 융합시킨 것은 융합세포가 빠르게 분열하도록 하기 위한 것이다.

132 산소와 이산화탄소가 없는 환경에서 무기호흡을 하는 종속영양 생물이 출현하여 유기물을 분해한 결과 CO_2(이산화탄소)가 발생되었을 것이므로 혐기성 세균이 먼저 출현했고 이산화탄소가 발생한 후에 광합성 세균, 화학합성 세균, 남세균이 출현했을 것이며 광합성 결과 산소가 발생하여야 호기성 세균이 출현할 것이다.

133 원핵세포의 세포막이 안쪽으로 함입되어 핵막, 소포체, 골지체 등과 같은 세포 소기관이 형성되었으며, 미토콘드리아와 엽록체는 원핵세포의 공생으로 형성되었다.

134 소집단에서 돌연변이나 자연선택 없이도, 우연히 유전자 빈도가 변하는 것을 유전적 부동이라 한다.

135 $q^2 = 9/100$이므로 q=3/10, 색맹남자=q=3/10 이므로 100명×3/10=30명

136 습형 유전자 A의 빈도를 p, 건형 유전자 a의 빈도를 q라 하면 $q^2 = 8100/10000$이므로 q$= 9/10$ 따라서 p$= 1/10$ ∴잡종(Aa)인 사람은 2pq이므로 $10,000 \times 2 \times \dfrac{1}{10} \times \dfrac{9}{10} = 1,800$명

137 환경에 의한 변이는 유전되지 않으므로 진화에 영향을 미치지 않는다.

138 원핵세포는 막으로 싸인 세포 소기관(핵막, 미토콘드리아, 소포체, 골지체, 리소좀, 엽록체)은 없고 세포벽, 세포막, 핵산(DNA와 RNA), 리보솜을 갖는다. 동물세포는 세포벽이 없다.

139 고세균은 박테리아보다 진핵생물과 유사한 점이 더 많다.

140 관다발을 갖는 비종자 식물은 양치식물(고사리, 쇠뜨기)이다.

141 밑씨가 씨방에 싸여 있는 식물을 속씨식물이라 한다.

142 환경이 좋을 때는 무성 생식을 하고 환경이 나빠지면 유성 생식을 한다.

143 생식 방법에 따라서 접합균류, 자낭균류, 담자균류로 분류한다.

144 트로코포라는 연체동물(조개)과 환형동물(갯지렁이)의 공통 유생이다.

145 변온 동물이며 체내 수정을 하는 동물은 파충류이다.

146 절지동물은 지구상의 3/4 이상을 차지할 만큼 개체수가 많고 종이 다양하다.

147 ㈎ 비감염성 질병
㈏ 바이러스는 세포 구조를 갖지 않는다.
㈐ 원생동물
㈑ 세균

148 바이러스의 무생물적 특징은 세포 구조로 되어 있지 않다는 점이다.

149 원형질이 풍부하고 생명 활동이 활발한 살아있는 세포로 구성되어 있는 식물의 조직은 유조직이다.

150 물을 상승시키는 가장 큰 원동력은 증산 작용이다.